为纪念李四光
开创中国第四纪古冰川研究
百年而作

低海拔冰川遗迹典型图谱

赵松龄　徐兴永　著

海洋出版社

2019年·北京

图书在版编目（CIP）数据

低海拔冰川遗迹典型图谱 / 赵松龄等著. — 北京：海洋出版社, 2019.5

ISBN 978-7-5210-0343-7

Ⅰ.①低… Ⅱ.①赵… Ⅲ.①冰川地质学－图谱 Ⅳ.①P512.4-64

中国版本图书馆CIP数据核字(2019)第072388号

责任编辑：白　燕
责任印制：赵麟苏

海洋出版社出版发行

http：//www.oceanpress.com.cn

北京市海淀区大慧寺路 8 号　　邮编：100081
北京顶佳世纪印刷有限公司印刷　　新华书店总经销
2019年5月第1版　　2019年5月第1次印刷
开本：889mm×1194mm　　1／16　　印张：16
字数：402千字　　定价：168.00元

发行部：62132549　　邮购部：68038093
海洋版图书印、装错误可随时退换

刘东生院士和作者赵松龄研究员交谈古冰川遗迹问题

近10多年来，我们按照刘东生院士的意见，对中国东部低海拔型的古冰川遗迹进行了研究与论证，取得了若干进展，本书乃为刘东生院士建议的成果，望广大读者喜欢它。

刘东生院士和作者徐兴永研究员合影

中国科学院地质与地球物理研究所

朱照宇同志:

你好。久未通信,甚以为念。得
您来信谈到崂山古冰川研究,令人
兴奋。崂山突出于山东半岛,这里的
冰川如能科学上加以论证,对于
它个中国北方的第四纪研究都是
一件大事。

我想如果我们的条件花证的话
一定去青岛考察一番,建立冰川脉
络结束后,有此的所发现请往告知
一下。

关于黄土8份总结,现在室处较脱一点(出版)
但好处是我们可以把8份以及的一
些所的发现的内容加进去。以后将整上
学术。关于海中黄土,您又有些新的资料(已发表的)
也请您及时寄以加进去。则的此致

敬礼

刘东生 敬上
2003/4/25日

前　言

中国东部低海拔冰川遗迹的研究，经历几代人的努力与奉献，积累了丰富的第四纪冰川遗迹资料，为低海拔冰川遗迹典型图谱的编制提供了依据。随着科学技术的进步，网络技术的应用、旅游资源的开发、研究者水平的提高、激发了更多的研究者投入追踪的行列。宏观冰川理论的发展，开拓了研究者的视野，众多冰川遗迹的被发现，使中国东部低海拔冰川遗迹典型图谱的编制，变成了现实。

李四光早在 1921 年就发现了第四纪古冰川遗迹。此后，第四纪古冰川遗迹研究者在全国各地，不断地发现新的证据，积累了众多的分析资料、论据越发充分、阐述愈加合理、数据更为完善、图片越来越新颖，吸引了更多的研究者在中华大地上，不断地去探索更深层次的理论问题，把我国低海拔古冰川遗迹的研究推向新的研究水平。依据目前积累的调查资料可以证实，我中华大地就是第四纪古冰川遗迹博物馆。

冰期时期北半球冰冻圈的出现，使北美洲发育了巨型劳伦泰德冰原（冰川厚度可达 4000 m），占据着整个加拿大和美国北部；欧洲和亚洲发生了斯堪的那维亚冰原（厚度也达 2000～3000 m）。它们之间的缺口就转变为北冰洋冷气流南下的通道（北美大陆和欧亚大陆的东部，均为北冰洋寒冷气流南下的通道）。对中国东部来说，欧亚大陆上斯堪的那维亚冰原的东部边缘，相当于 120°E 附近，就成为极地冷空气南下的唯一通道。对北美洲来说，劳伦泰德东部边缘应当是极地冷空气另一条南下 的通道，不过该通道所带来的冷空气是直接吹向北大西洋。

现在影响中国的寒潮至少有 4 条路径，在冰期时期，它们被压缩成单一路径，这就意味着寒潮的频度和强度都会得到加强，给中国东部低山丘陵区带来异常的低温环境。由于中国东部低山丘陵区、特别是陆架平原区，不存在高山阻挡，所以冷气流可以直达南海的北部。

从全球洋流的背景来看，北美洲的东岸有一巨大暖流，被称为墨西哥湾流，沿着美国东海岸北上，把大西洋的水汽向北输送，在冰期时期就促进了北半球劳伦泰德、欧洲和亚洲的斯堪的纳维亚和格陵兰冰原的形成。亚洲的东海岸，也有一股被称为黑潮的暖流（包括南海流系），它是中国东部低海拔冰川形成的最为重要的水汽供应源。

在这样的环境背景下，中国的雪线高度要受两种不同机制的控制：其一为自然梯度型（如青藏高原）；其二为异地入侵型（如东部低山丘陵区）。冰期时期所形成的寒冷气候、特别是频繁的寒潮活动，是决定我国东部低山丘陵区雪线高度的关键因素，常年稳定的寒潮活动，既带来稳定的低温环境，也带来了低雪线。两地的环境背景不同，控制雪线高低的因子相异，简单地把青藏高原一带的雪线按海拔梯度直接引用到东部低山丘陵区，听起来很有"道理"，误导了许多人。

值得提出的是，冰期时期一般以 10 万年为一个周期，最后冰期比较短，从距今 7 万年到 1.5 万年（其中还包含一个暖期）。从距今 15000 年进入冰消期，在不到 1 万年的时间，要融化过去所积累的冰量，其融冰的水量，具有多大的冲蚀能力，只能从冰臼、半冰臼、冰椅石、冰川融水侵蚀槽等微地貌的形成规模得到验证。为何现代冰川活动区，冰臼太少，显然是融冰量无法与冰消期融冰量相比所致。

据韩同林的研究，冰臼以往在我国的西藏、黄山、庐川等地有过零星的记录。冰臼在中华大地上的大量发现是自 1997 年开始的。自那时以来，全国所有省的山区，从黑龙江省的镜泊湖到南方的"两广"、海南岛和云贵高原；再从东海、黄海之滨到新疆西部、包括大江南北，都存在多种多样的、数以万计的冰臼，堪称世界之最。除了冰臼之外，还发现了许多半冰臼。半冰臼的形成比较特殊，它会发生在山体的边缘、沟边、陡崖旁。在形成过程中，一边为基岩，另一边为冰层，在旋转流的推动下逐渐形成深洞。当冰川消亡后，基岩部分尚存，冰体部分消失，就出现了半冰臼。如果冰洞内的冰川融水，长期不断地冲击冰层中的漂砾，在特定的环境背景下，就会形成磨圆度非常高的旋转球。当冰川消亡后，这种旋转球就会落在冰臼底部或者落在地面上，此种情景在北美洲的劳伦泰德冰原、欧洲和亚洲的斯堪的纳维亚冰原、中国东部的海岛上（海拔 0 m）、江西赣州崇义县、珠峰绒布寺冰川（据地震局地壳所李德文，那里海拔大约 6000 m）、陕西周至县殿镇村（据西安地环所鲜锋提供资料，海拔千米以内）、山东日照等地，在冰川消退后均有发现。如果旋转流活动时间不够长，还会留下旋转柱类的半产品（包括基岩型和漂砾型）。

除此以外，如果说冰臼是在比较特殊的条件下，也就是说是在冰洞的底部，出现自上而下的旋转流才能形成冰臼；而更多的冰川融水，不具备形成旋转流的条件，就直接冲击漂砾面、基岩面、山坡面而逐渐形成多种微地貌类型。不言而喻，当冰川剖面上的融水下冲时，如冲击到基岩或漂砾时就会对岩面或漂砾面产生冲击、冲蚀、磨损、磨光作用，形成多种类型的椅形地貌（因它们的平面形态类似椅子而得名）。在低海拔冰川遗迹典型图谱编制过程中，又发现了厚层冰川底部，由融冰水冲蚀、磨蚀而成的、千奇百怪的、短柱型的、"犬牙交错"的、高度相近的集合体，多见于我国北方的辽东半岛及南方的许多山群中，这进一步证明了：冰期时期我国南方冰川盛于北方的推论。值得思考的是，冰期时期远长于间冰期，长期的冰下融水活动，还应当形成冰下融水喀斯特地貌，这也是本图谱编制过程中发现的问题。

经过近百年的研究，中国东部低海拔地区所保存的第四纪冰川遗迹，涉及多种地貌类型。冰川侵蚀地貌，包括角峰、刃脊、"U"形谷、粒雪盆、古冰坎、羊背石、拖动地貌、推动地貌、磨光面、颤痕与擦痕、古雪线地貌标志等；古冰川类型有小冰原冰川、山谷冰川、山麓冰川、冰斗冰川、悬冰川以及复式冰川等；冰川堆积地貌有：古冰川舌堆积、侧碛、中碛、终碛、漂砾、漂砾群、挤压型漂砾群、飞来石、石擂石、劈石、冰碛剖面、冰川纹泥、古冰川湖沉积、冰下融水喀斯特地貌等。冰消期地貌有：与旋转流有关的冰臼（指带有旋转锥的冰臼）、双圆相切型冰臼、带有旋转锥的半冰臼、不带旋转锥的半冰臼；带有旋转球的冰臼；还有孤立的旋转球和旋转柱；与非旋转流有关的地貌类型包括，多种类型的冰椅石、冲蚀型磨光面、象形石等。

由此可见，中国东部低海拔型冰川遗迹地貌群的发现，再次证明，李四光的研究是科学的、正确的、合理的，完全符合中国的实际情况；那种把李四光在庐山发现的多冰期形成的冰碛物，错误地说成是"对泥石流的误导"，并以此错误推理为依据，去否定其他地区的发现。现在看来，在众多古冰川遗迹群被发现以后，那种错误推理显得是多么的空虚与脱离实际；再用毫无科学论据的所谓"负球状风化"说，来否定以旋转流为动力的冰臼、半冰臼的形成，也是不被众人所接受的。从冰期时期猛犸象的分布来看，猛犸象受到祁连山、秦岭和长江古湖的影响，而很难越过它们的阻挡；但是海退后的陆架，是寒潮南下的通道，为一片平坦的沙漠之地，猛犸象容易通过，所以在台湾和福建都可以找到它们的踪迹。

总而言之，进入 21 世纪以来，中国东部低海拔型冰川遗迹地貌群的发现与研究，正在发生突飞猛进的变化，设置和阻碍该项研究的路障逐渐被清除。低海拔冰川遗迹典型图谱的问世，标志着该项研究的春天已经到来，祝愿第四纪古冰川遗迹研究者，今后能有更多的发现（书中未加说明的图片均为作者所摄，其他图片均源自网络。由于下载过程中未作记录，现在难以溯源，因此未作署名，笔者对此表示歉意，未尽事宜请与笔者联系）。本书在野外资料收集、室内样品分析与资料整理，以及写作过程中都得到国家海洋局第一海洋研究所、中国科学院海洋研究所、崂山风景管理委员会有关领导和科学家的支持与帮助，在此一并致谢。

作 者

2018 年 11 月

目　录

第一章
冰期时期中国的大环境特征

一、斯堪的那维亚冰原对中国环境的影响

中国地势特征见图 1-1。斯堪的那维亚冰原为欧洲冰盖的主体，其面积占到 $4.274\ 35 \times 10^6\ km^2$。欧洲及西伯利亚地区的冰川分布，其南界接近 50°N；其北界可超过 80°N，见图 1-2 和图 1-3。

图 1-1　中国地势特征（据网络）

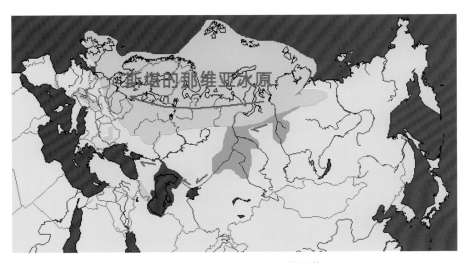

图 1-2　斯堪的那维亚冰原（据网络）

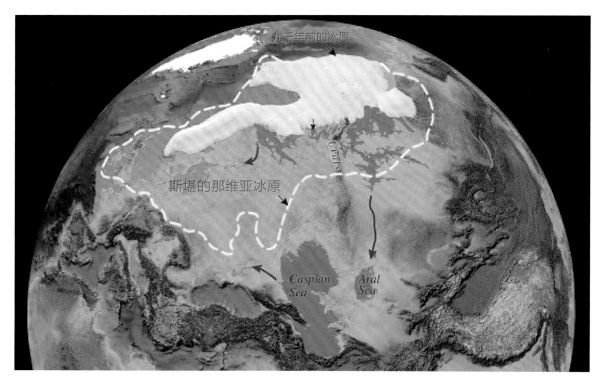

图 1-3　距今 9000 年时残存的斯堪的那维亚冰原平面图（据网络）

斯堪的那维亚冰原形成以后，对中国古环境的影响：

（1）改变了寒潮南下的路径。现在影响中国的寒潮至少有 4 条路径，在冰期时期，它们被压缩成单一路径，这就意味着寒潮的频度和强度都会得到加强，把北冰洋的低温直接输送到南海北部。由此可见，更新世的冰期时期，在中国东部形成了寒潮入侵型低雪线区。

（2）形成焚风效应区。越过斯堪的那维亚冰原的气流，变得更为干燥，使其南部广大地区，形成焚风效应区，成为亚洲最大沙漠—黄土分布区。

（3）南下冷气流与南海暖流和黑潮带来的水汽相结合，形成了亚洲最大的低海拔、低纬度型冰川群。值得特别提出的是，中国南方的冰川规模大于北方，分布更为广泛。

（4）在不具备冰川形成的地区，会出现沙漠—黄土堆积群分布区。如：渤海北部沙漠区和南部黄土分布区；苏北沙漠区（现在被黄河、淮河堆积物覆盖）和南部的下蜀黄土堆积区。

（5）冰期时期中国东部的平均气温要低于西部；西部比较适合人类活动；东部适合喜冷动物群的生存，所以沿海省份和陆架上曾不断地发现猛犸象的遗骨。

（6）冰消期的融冰量与现代冰融水量不能相比。更新世期间，几十万年，至少也是几万年积累的冰，要在千年或者几千年内融化，能引起世界洋面快速升起。那时的融冰水可以形成冰臼、半冰臼、冰椅石等微地貌，是现代冰川区所不具备的水量条件。简单地算一下，冰消期的融冰量，应当高于现代融冰量的 N 倍，至少要高几倍。

二、厚层冰层下的冰川遗迹

大规模冰川作用可以持续数万年到数十万年，冰川的厚度可达 3 ~ 4 km。由于水冻结成冰时，体积要增加9%左右。当白天融化的冰雪水在晚上重新在岩石裂缝里冻结时，对周围岩体施展着强大的侧压力，压力最大可达 2 t/cm² (来自网络的资料，1 g 水结冰时膨胀力为 960 kg/cm²)。在这样强大的冻胀力面前一般的岩石都会破裂而形成劈石 (据网络)。

寒冻风化作用不仅在山坡裸露的地方进行，在冰川底床也能进行。

这是因为冰川底部有暂时的融水渗入谷底岩石裂缝里，冻结时也产生强大的冻胀力。这种冻胀力可以使谷底岩石产生频繁冻胀、多次劈开；一些小的碎块会被冲走，大的岩块得以保存，于是在厚层冰川底部，会形成由融冰水冲蚀、磨蚀而成的、千奇百怪的、短柱型的、"犬牙交错"的、高度相近的、相互平行的、含有冰臼和半冰臼的、既无球状风化、也无负球状风化的、表面非常光滑的柱状集合体。这种集合体多见于我国的南方山谷中，进一步证明了：冰期时期我国南方冰川盛于北方的推论，也是我国南方存在海洋性冰川的证明。

（一）长江出露江底的厚层冰层下的冰川融水侵蚀遗迹

由于长江三峡大坝的兴建，这些在冰期时期位于冰川底部，现在位于江底的岩石，得以重见天日，见图 1-4 和图 1-5。

图 1-4　长江底部厚层冰层下冰川融水侵蚀遗迹之一

图1-5　长江底部厚层冰层下冰川融水侵蚀遗迹之二

（二）贵州平塘厚层冰层下冰川融水侵蚀遗迹

平塘县隶属贵州省黔南布依族苗族自治州，东邻独山县，南与广西南丹县毗邻，西与惠水县、罗甸县相连，北与贵定县、都匀市接壤。海拔高程710 m，距独山36 km，距都匀66 km，距罗甸122 km，距贵阳市193 km，所在经纬度为25°29′55″—26°06′41″N、106°40′29″—107°26′19″E之间。平塘县地处黔南山地南部，北高南低。年均温度16.7℃，年降水量1 217 mm。贵州平塘厚层冰层下冰川融水侵蚀遗迹，见图1-6。

图1-6　贵州平塘厚层冰层下冰川融水侵蚀遗迹（据网络）

（三）云南省西北部怒江

怒江州是中缅滇藏的接合部，有长达 449.5 km 的国界线。怒江州北接西藏自治区，东北临迪庆藏族自治州，东靠丽江市，西南连大理白族自治州，南接保山市，州政府驻泸水县六库镇，那里也有厚层冰层下的冰川遗迹，见图 1-7。

图 1-7　怒江峡谷厚层冰层下冰川融水侵蚀遗迹（据网络）

（四）海南岛

海南吊罗山热带雨林自然保护区，峰峦叠嶂，植物种群极为丰富，达 3 500 多种，仅兰花就有 250 多种，并且生长着亿年前恐龙时代的植物活化石——树蕨（桫椤），是我国仅有的绿色植物宝库。海南吊罗山也保存了厚层冰层下的冰川融水侵蚀遗迹，如冰臼、半冰臼等，见图 1-8。

图 1-8　海南吊罗山厚层冰层下冰川融水侵蚀遗迹（据网络）

（五）广东信宜

信宜市位于广东省西南部，茂名市北部，东与阳春市相接、南与高州市交界，西同广西壮族自治区北流市、容县毗邻，北与罗定市接壤。冰层下冰川融水侵蚀遗迹，见图1-9。

（六）广东省龙玄峡

龙玄峡漂流位于广东省信宜市洪冠镇黄华江上游，全长约4 km，是信宜市新开发的旅游景区之一，距市区大约30 km，见图1-10。

图1-9　信宜厚层冰层下冰川融水侵蚀遗迹（据网络）　　图1-10　龙玄峡厚层冰层下冰川融水侵蚀遗迹（据网络）

（七）湖北省罗田

罗田冰臼，也称罗田县金盆地冰臼群，位于湖北省黄冈市罗田县境内的河铺镇与九资河镇交界处，见图1-11。

图1-11　罗田厚层冰层下冰川融水侵蚀遗迹（据网络）

（八）大别山

大别山（Ta-pieh Mountains）：山地主要部分海拔 1 500 m 左右，最高峰白马尖 1 777 m。为淮河和长江的分水岭。白马尖是大别山主峰，海拔 1 777 m，位于安徽省霍山县境内。次主峰多云尖（海拔 1 763 m），也位于安徽省霍山县境内，第三主峰驼尖（1755 m）位于安徽省岳西县境内。大别山曾被古冰川覆盖过，冰川消退后，留下众多的古冰川遗迹，图 1-12 是其中之一。

图 1-12　大别山厚层冰层下冰川融水侵蚀遗迹（据网络）

（九）福建省平和县

平和县位于福建省闽南金三角的漳州市西南部，毗邻厦门、汕头两个经济特区。地理坐标为 24°02′—24°35′N、116°54′—117°31′E。平和县厚层冰层下川融水侵遗迹，见图 1-13。

图 1-13　平和厚层冰层下冰川融水侵蚀遗迹（据网络）

（十）安徽黄山

黄山地形以中、低山地和丘陵为主。山体海拔高度一般在 400 ~ 500 m，千米以上的高峰众多。地形大致可以分为 3 部分：①北区部分，地形南高北低；②南部新安江谷地，四周高山环绕，中央地势低平，是一个小盆地；③西部丘陵区，北高南低，小山丘密布。黄山曾被古冰川覆盖过，冰川消退后，留下众多的古冰川遗迹，图 1-14 是其中之一。

图 1-14　安徽黄山厚层冰层下冰川融水侵蚀遗迹（据网络）

三、冰下融水喀斯特地貌

冰层底部除了形成上述集合体微地貌以外，在石灰分布区，还会发育冰下融水喀斯特地貌。这是因为冰川底部总会有暂时的融水渗入谷底岩石裂缝里，以及来自冰川上部的裂隙水补充冰川底部。由于石灰岩具有可溶性，就会形成喀斯特地貌。由于冰期的时间要以若干万年为单位，经过几万年，甚至更长时间的积累，冰川的厚度可达几十米、几百米，甚至达到 3 ~ 4 km，冰川底部的水量也会逐渐加大，使得喀斯特地貌更为发育。

（一）石海

1. 昆明石海

如果仔细分析就会发现，石海的地面特征与上述集合体有许多共同之处，外观非常类似，顶面几乎在同一高度、为不规则的柱状体，相互连接，一般人们都称为喀斯特地貌。本书将其称为：冰下融水喀斯特地貌。这是因为冰期时期溶蚀的时间更为长久，效果更为显著才对。值

得注意的是。石海和石林的岩性与当地基岩基本一致，而花岗岩地区的石河，其岩性多为外地搬运型。见图 1-15。

图 1-15　昆明石海（据网络）

2. 博山石海

博山全境皆山，博山之名其一具有多山之意；其二，因境东南有"博山"，故以山名为区名。博山石海见图 1-16。

图 1-16　博山石海（据网络）

3. 四川省宜宾市兴文石海

兴文石海位于四川省宜宾市兴文县境内，地表喀斯特地貌、天坑、溶洞、洞穴堆积物、瀑布、溶蚀峡谷、其中最著名的是天坑，是中国发现和研究天坑最早的地方。兴文石海见图 1-17。

图 1-17　兴文石海（据网络）

4. 大连石海

　　大连石海属于冰下融水喀斯特地貌。冰期时期的辽东半岛乃为低海拔丘陵区，处在北方冷空气南下的通道，也是最先迎接南方水汽的东北地区，极易形成固态降水。由此可推断：大连冰川与海洋岛冰川连成一片，构成小型冰原冰川发育区。巨厚的大冰川消退后，就留下了一片石海，见图 1-18。

图 1-18　大连石海

（二）石林

进入第四纪以来，几万年，甚至是几十万年的冰期，应当是石林喀斯特地貌的主要发育时期。石海和石林地貌的发育，证明了南方冰川比北方冰川更为兴盛、发育。石林见图1-19。

图1-19　石林——冰下融水喀斯特地貌（据网络）

（三）溶洞

由于冰期时期远长于间冰期，冰下融水的溶蚀时间会更为长久，所以许多溶洞的形成也应当与冰川融水的长期活动有关。

四、冰期时期中国东部的环境

（1）长江与黄河都未能入海。最后冰期时期，长江处于冰湖时期，沿途所有山地发育冰川；黄河在壶口附近为壶口冰川所占据。黄土和下蜀土在冰川区，构成冰缘环境沉积体。

（2）海退后的陆架为古风暴活动区，出现大面积沙漠；部分地区形成特有的沙漠－黄土堆积群。

（3）寒冷的气流通过陆架区，可以直达南海出露区。

（4）冷气流与黑潮、南海暖流相遇，在我国南方形成广泛的古冰川分布区。

（5）喜冷动物群在陆架上到处游弋。

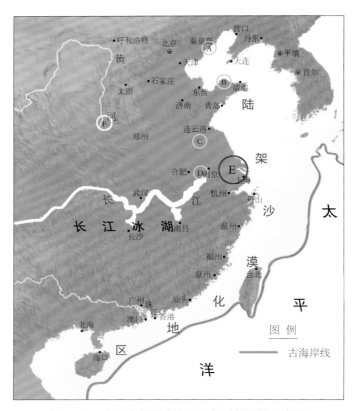

图 1-20　中国东部距今 18000 年时的环境示意图

　　图 1-20 中 A 表示昌黎附近的沙漠环境；B 为沙漠环境的衍生沉积区，即蓬莱附近的海岸黄土沉积区；C 为淮河、黄河沉积覆盖的沙漠活动区；D 为长江两岸下蜀土分布区；E 为苏北古湖（包括太湖）；F 为壶口冰川活动区。

第二章
古冰川遗迹的发现与研究

一、国内最早发现的擦痕

李四光，1889 年 10 月 26 日出生，蒙古族，湖北黄冈人。第四纪冰川学家、地质学家。1918 年 6 月，在伯明翰大学通过了毕业论文《中国之地质》的答辩，获自然科学硕士学位。1919 年考察欧陆地质后，接受了国立北京大学校长蔡元培先生的聘书，于 1920 年 5 月，回到了北京，出任北京大学地质系教授。1921 年，他在太行山的沙河县山西大同盆地口泉附近，经过仔细考察、分析研究，发现了众多的巨型漂砾和若干带有擦痕的冰碛物，描绘了冰碛物的沉积结构剖面，这项研究成果于 1922 年发表在英国地质学杂志上；李四光找到的关于我国北方存在更新世古冰川遗迹的证据，开创了我国存在第四纪古冰川活动遗迹研究的先河，见图 2-1。

图 2-1　李四光发现的带有擦痕的冰碛物

到了 20 世纪的 30 年代，李四光对冰川的研究投入了极大的精力。有些外国人对中国的冰川遗迹进行过零星考察，竟断言"中国没有第四纪冰川"。李四光却提出"让事实说话"。1931 年李四光到庐山考察，发现了第四纪冰川遗迹，尤其对山上及山麓的冰碛物特别重视，为证明其第四纪冰川活动的存在，他于山上山下反复搜集证据。在山上，他确认了大坳、鼓子寨、黄龙、五

13

乳寺等冰斗、王家坡、大校厂、七里冲等"U"形谷以及悬谷等冰蚀地貌；在山上和山麓还发现广泛分布的冰川泥砾、冰川漂砾和纹泥等冰川堆积物，以及它们堆积而成的终碛堤、侧碛堤、中碛堤等冰川堆积地貌；在一些基岩或岩块上还发现条痕石、冰溜面、羊背石等冰溜遗痕。1933年，李四光以《扬子江流域之第四纪冰期》为题，在中国地质学会第十次年会上作了学术演讲，会后专门请中外学者到庐山实地考察（据网络）。

为了证明中国有第四纪冰川的遗迹，李四光的足迹踏遍了祖国大江南北，先后考察了太行的东麓、大同盆地、扬子江流域，几上庐山，坚定地认为庐山是"中国第四纪冰川的典型地区"。1936年，李四光在黄山找到了冰磨条痕，发表了《安徽黄山之第四纪冰川》。1934—1936年，根据中英两国交换教授讲学的协议，李四光应邀赴英讲学，在伦敦、剑桥、牛津、都柏林、伯明翰等8所大学，讲授中国地质学。讲稿整理后，《中国地质学》在伦敦正式出版，此书除英文版外，还有俄文译本和摘要汉译本。学术界给予很高的评价。英国李约瑟博士称作者为"最卓越的地质学家之一"。1936年李四光回国途中经过美国，在他的学生朱森协助下，对美国地质做了一次由东到西的实地考察。回国后住在庐山，继续做第四纪冰川研究工作。涉足黄山、九华山、天目山，发现了更为典型的冰蚀地形和冰川堆积剖面（据网络）。经本书作者考察在崂山也不止一处发现了冰川擦痕，见图2-2。

图2-2　崂山仰口漂砾上的冰川擦痕

值得回顾的是，英国的大部分地区曾是斯堪的纳维亚大冰盖的覆盖区，冰盖消退以后，留下了广为分布的古冰川活动遗迹。李四光在英国留学期间，拥有太多时间去观察和研讨古冰川活动遗迹。20世纪初是全球性的冰川热，那时的许多地质学家都进行古冰川地质作用的研究。在这样的环境下，深受古冰川遗迹研究熏陶的李四光，早就关心中国的第四纪冰川问题，回国后的首项研究，就是发现了众多的巨型漂砾和若干带有擦痕的冰碛物。所以说李四光才是中国的第四纪冰川遗迹研究的奠基人。

二、最复杂的劈石——三瓣石

　　位于烟台文登市圣经山以北的三瓣石，乃是我国最复杂的劈石，它在冰期时期由冰的冻裂作用而形成。三瓣石的顶部，位于37°14′21″N、121°48′35″E，海拔240 m。三瓣石高约14 m，周长约45 m，裂缝处宽约1.2 m。水在结冰时，其体积会发生膨胀。经过多次地膨胀、裂开、再膨胀、再裂开，最终会导致巨大岩石的破裂。从我国的北方到南方的厦门都存在劈石。到目前为止，三瓣石应当是所有劈石中，规模最大、裂口最深的劈石，见图2-3和图2-4。三瓣石位于巨大冰川的中碛顶部。

图2-3　文登市圣经山三瓣石（远景）

图2-4　文登市圣经山三瓣石（近景）

值得特别提出的是位于海南岛的最南端，也就是天涯海角附近也保存着三瓣石，见图2-5。

图2-5　海南岛天涯海角附近的三瓣石

三、保存最佳的低海拔古冰川堆积群

三瓣石村位于昆嵛山东、三瓣莲花石山之阳，是从正东登上昆嵛山主峰泰礴顶的必经之路。从地质学的观点来看，三瓣石村附近属于三瓣石复合冰川堆积体，有三条冰川谷、四列侧碛和介于其间的中碛、末端有两列不同时期形成的终碛；三瓣石所在的丘陵，就是古冰川堆积的中碛。中碛堆积的东西两侧，为两处古粒雪盆的位置。如此完好的古冰川堆积群，尚未得到开发和利用，见图2-6。

图2-6　三瓣石复合冰川堆积体全貌

四、保存最好的粒雪盆

冰川研究者认为，粒雪盆是冰川形成的摇篮。天气寒冷，固体降雪取代液体降雨；降雪会在山坡的低洼处聚积起来。由于寒潮不断侵袭、极地的低温被输送到我国的南方，整个中国东部的低山丘陵区，都存在常年积雪的环境。当雪降到地面或者山坡洼地以后，雪花经过粒雪、粒冰，日积月累逐渐加厚以后，就变成了冰川冰。一旦冰川冰形成以后，就会使冰下的岩层发生研磨、冻裂、拖动等一系列变化。巨厚的冰川冰在本身压力和重力的联合作用下发生塑性流动，原先的洼地逐渐变深，而成为积雪洼地。在地质学上把这种洼地称为粒雪盆，也是储冰盆。当冰川积累到一定厚度以后，它会越过粒雪盆出口，蜿蜒而下，形成长短不一的冰舌。长大的冰舌可以延伸到山谷低处以至谷口外。发育成熟的冰川一般都有粒雪盆和冰舌。雪线以上的粒雪盆是冰川的积累区；雪线以下的冰舌是冰川的消融区。这时的粒雪盆三面是基岩区，只由一面开口，见图2-7。

图 2-7　三瓣石冰川的东侧粒雪盆

图 2-8　三瓣石冰川的西侧粒雪盆

五、最典型的终碛

（一）三瓣石冰川终碛

古冰川的终碛，也称尾碛，是冰川末端的冰碛。当冰川粒雪盆区的补给与冰舌区的消融处于相对平衡时，冰川末端的位置比较稳定。当一条冰川在退缩过程中若发生几次停顿时，或者经过多次冰川活动时，会出现多列终碛。在通常情况下，冰舌所携带的冰碛物不断被输送至终碛，于是就在冰舌的前端堆积下来并形成垄岗状或堤状的冰碛。终碛物的物质组成，主要是源自粒雪盆区和途中冰舌所经过的地区。三瓣石冰川终碛中的巨砾的排列方向，大致与终碛堤平行。三瓣石冰川终碛位于 37°13.682′N、121°48.971′E，海拔 142 m，见图 2-9。

图 2-9　三瓣石冰川终碛

（二）伟德山山前终碛垄群

调查发现伟德山的山前平原，保存着终碛堆积。图 2-10 为伟德山终碛垄之一；图 2-11 为伟德山终碛垄之二；图 2-12 为伟德山终碛基部；图 2-13 为冬季的伟德山冰碛丘陵景观（在无农作物遮盖的情况下，显露出众多的漂砾堆积），伟德山海拔为 150 m。这些孤立的山前小丘，无论如何也不会是由泥石流所形成。

图 2-10　伟德山终碛之一

图 2-11　伟德山终碛之二（丘陵上的漂砾堆积已非常明显）

图 2-12　伟德山终碛基部（见有众多的漂砾堆积）

图 2-13　冬季的伟德山冰碛丘陵

（三）崂山终碛

崂山北九水景区的门外，国家海洋局北海分局招待所的房基，就是由白色花岗岩巨砾堆积的垄岗，见图 2-14，它就是崂山终碛漂砾群的代表，这些漂砾群距其源地已有 4 ～ 5 km 之遥。除冰川以外，无其他外营力能搬运如此巨大的漂砾群，移动达数千米之远。在崂山的巨峰之下的束住岭，也能见到古冰川堆积群，见图 2-15。

图 2-14　北九水景区门外，高大的终碛

图 2-15　崂山束住岭古冰川舌前缘

（四）芦芽山冰川终碛

芦芽山系管涔山的主峰，位于山西宁武县境内，距宁武县城西南 30 km 处，属吕梁山脉，因形似一"芦芽"而得名，海拔 2 739 m。在山前堆放着高大的终碛堆积，见图 2-16。该处的终碛垄，其物质组成主要为来自上源的岩浆岩类，而当地岩石为灰岩。

图 2-16　芦芽山冰川终碛（海拔约 1500 m）

（五）下苗村冰川终碛

浙江省的黄岩，过去以黄岩蜜橘闻名于世。经我们考察，该地除黄岩蜜橘闻名外，还有我国沿海地区保存最好、规模最大、形态最佳的山谷冰川所遗留下来的古冰川舌堆积，堪称中国之最。整个古冰川舌大约有 5 列终碛堆积。许多村落建在终碛上。图 2-17 为典型的山谷冰川远景（台州黄岩上郑乡下苗村，地处 28°34′4.6″N，120°53′30.9″E）；显示为高高隆起的舌状冰碛丘陵。黄岩上郑乡下苗村山谷冰川的海拔，末端 187 m、中部 229 m、上部 482 m。

图 2-17　下苗村冰川终碛

（六）吊罗山终碛

吊罗山国家森林公园内，在谷口处有一高大终碛，阻住古口，因当地筑路将其挖开，露出漂砾群，因那里植被繁茂，只有部分漂砾显露出来，见图 2-18。

图 2-18　吊罗山国家森林公园的终碛

六、低海拔地区保存最好的中碛

（一）崂山中碛的末端接近黄海海岸

当两条山古冰川汇合后，原先各自的侧碛就汇合为中碛。从宏观来看，它是位于冰川中间的冰碛。当冰川消融后，常形成沿冰川谷延伸的中碛堤（垄），见图2-19、图2-20。崂山东侧的山谷冰川的侧碛不发育，而中碛非常明显，它有19～20 m高，并非泥石流堆积。

图2-19　崂山白云水库附近的中碛（远景）

图2-20　崂山白云水库附近的中碛（近景）

（二）三瓣石冰川的中碛

三瓣石冰川中碛的地貌特征，见图2-21。高高隆起的三瓣石中碛，全部由巨型漂砾组成，杂乱无章地堆放在一起，外观为垄岗状，其上树木繁茂，岩性属花岗岩类，三瓣石直立于中碛顶部，为中碛之巅。

图2-21　三瓣石中碛近景

三瓣石中碛的东侧碛，地理位置为：顶部在37°14′10″N、121°48′57″E，海拔170 m；它的基部在37°14′1″N、121°48′51″E，海拔120 m。整个东侧碛的最大厚度为50 m。残存的三瓣石冰川东侧碛，为长条形垄岗，长400～500 m，全部由巨型漂砾组成，杂乱无章地堆放在一起，外观为垄岗状。东、西侧碛和中碛都由巨砾组成，透水性好，其上树木繁茂，为三瓣石村的果园之地，是当地重要经济来源之一。岩性属花岗岩类，见图2-22、图2-23。如果按照东、西侧碛开始出现处定为古雪线高度，那么当地的雪线高度只有200～150 m。一切要以事实为依据，作者不信推理，只认证据，这一高度和山东半岛其他地区基本一致。

图2-22　三瓣石中碛东侧的侧碛

图 2-23　三瓣石中碛西侧的侧碛

七、东部保存最好的低海拔刃脊和角峰

（一）刃脊

随着粒雪盆区的不断扩大，盆壁不断后退，相邻粒雪盆区的岭脊逐渐变成刀刃状山脊，称为刃脊，见图 2-24 和图 2-25。几个冰斗粒雪盆区所夹峙的山峰逐渐变成尖锐的角峰，见图 2-26 和图 2-27。

图 2-24　崂山刃脊之一

图 2-25　崂山刃脊之二

（二）角峰

由冰斗不断扩大和后退，使山坡受到显著刻蚀，两个相邻冰斗间残留的岭脊，便成为尖锐的刃脊。一般由 3 个以上的冰斗所夹峙的残留山峰，便成了角峰。如我国的崂山巨峰附近，就是典型的角峰地貌。

图 2-26　崂顶附近的角峰

图 2-27　崂顶附近的角峰与刃脊

八、颤痕与擦痕

峄山所发现的"新月形刻槽"系列，在国内为首次发现（也是一种擦痕）。它的存在证明了磨光面上曾有巨型漂砾被古冰川推动过所留下的痕迹，在地质学上称为颤痕。所以说，颤痕是指漂砾与基岩面之间或者为漂砾面之间的颤动位移而成。漂砾被推动的过程就是漂砾运行的路径，见图 2-28。该图所在的位置应重点保护起来，它是不可多得的、不可再生的"颤痕"化石。吕洪波等曾对山东鲁山漂砾上的颤痕进行了系统研究。颤痕与擦痕的发现，证明了中国东部低山丘陵区，确实存在过古冰川活动，留下了众多的遗迹。

图 2-28　峄山的"颤痕"化石

擦痕是指巨大岩块被冰川搬运过程中，漂砾之间的相互刻画而遗留下来的痕迹，其过程是非常缓慢、而又是非常强有力的刻画过程，有的磨擦痕迹非常之长。擦痕因受冰川的挤压而会经常改变方向，所以在岩面上会出现多组不同方向的擦痕。若冰川的动力方向改变较快，其磨擦痕迹可以较短，见图2-29。图2-30蒙山漂砾上的擦痕。

图 2-29　崂山漂砾上的擦痕

图 2-30　图中 a 和 c 为在蒙山发现的擦痕；
b 和 d 为现代冰川区（海螺沟冰川北壁）擦痕（据王照波）

九、典型的飞来石

（一）崂山飞来石

从异地被古冰川搬运来的漂砾，停留在新的地方。它的岩性与当地的岩性不同，色调也明显有差异。在地质科学兴起之前，人们无法解释其来源，就将其称为飞来石。图2-31和图2-32为崂山飞来石，白色漂砾停留在淡红色花岗岩构成的山谷中。

图 2-31　崂山飞来石之一

图 2-32　崂山飞来石之二

（二）沂山飞来石

沂山古称"海岳"，有"东泰山"之称，居中国五大镇山之首。主峰玉皇顶海拔 1 032 m，被誉为"鲁中仙山"。更新世期间与鲁山、泰山一起，构成山东丘陵一带最大的冰帽冰川，沂山位于该巨型冰帽冰川的东首，留下了多种古冰川遗迹，见图2-33。

图2-33　沂山山顶的巨型漂砾（该漂砾也是一种飞来石）

（三）峄山飞来石

许多巨大的岩石，其岩性、色调、组成、排列方向、源地，明显不同，但它们能叠加在一起，表明为古冰川搬运过的漂砾，见图2-34、图2-35。

图2-34　峄山飞来石

图 2-35　岩柱顶部的飞来石

（四）天柱山飞来石

　　天柱山，位于安庆市潜山县西部。为大别山山脉东延的一个组成部分（或称余脉）。一般指潜山县境内以其主峰天柱峰为中心的山地，有时也指其主峰。据 1980 年航空测定，主峰海拔为 1 488.4 m，中心位置（天柱峰）地理坐标为 30°43′N、116°27′E。

图 2-36　天柱山飞来石之一

图 2-37　天柱山飞来石之二

图 2-38　山东新泰飞来石（据网络）

十、羊背石

羊背石是冰川侵蚀岩床造成的石质小丘。它们大体顺冰川流向成群分布，长轴数米至数百米不等，有时大的羊背石上叠加小的羊背石。羊背石的迎冰面倾斜平缓，冰川磨光面发育，具有常见的冰川磨蚀痕迹；背冰面坡度较陡。它的迎冰面坡长而平缓光滑，是磨蚀作用造成的；背冰面陡峭、参差不齐，是冰川拖蚀作用的产物。羊背石地形主要出现在结晶岩地区。鼻状剖面形态是羊背石的突出标志，见图2-39、图2-40。

图2-39　峄山羊背石之一

图2-40　峄山羊背石之二

十一、石灰岩山区的花岗岩堆积

（一）芦芽山

芦芽山区的石灰岩山地，地层层面非常清晰，山丘顶部堆积了许多花岗岩漂砾。这些漂砾从哪里来的呢？可以肯定地说，那是古冰川从数千米以远的地方搬运而来，又被古冰川遗弃在此的。图 2-41 为其正面，也就是南面；图 2-42 是它的背面，也就是北面。当你看到这样的记录时，你还相信那是泥石流的贡献吗？

图 2-41　芦芽山南坡的花岗岩漂砾（海拔 1700 m）

图 2-42　芦芽山北坡的花岗岩漂砾（海拔 1700 m）

（二）沂源县芝芳沟中的花岗岩组成的终碛

沟中的路是围绕终碛的三面而行。经考查该终碛高 3 ~ 5 m，非常宽阔，顶部经当地居民的长期开掘、已建成果园。它横在谷口（与水流方向垂直），内部岩性含有花岗岩，而该谷地的东西两端是相通的，可见该谷地仅为过去冰川谷地的一部分，古冰川的上源还在更远处。由此可以看出，鲁山一带的古冰川活动是非常之强烈。该冰川至少有两条冰川舌：一条就成为沂水之源；另一条成为沂水的另一源地。在冰期时期，两者构成巨大的复合冰川。当冰川消亡之后，就把从远处搬运而来的花岗岩，在石灰岩地区形成了今日仍可见到的终碛堆积。在谷地中，花岗岩块也是随处可见，表明该谷地确实曾被来自花岗岩地区的古冰川舌所占据。另外，在该主冰川谷内还有许多农田。这些农田都是主冰川谷遗留下来的冰水沉积，有时还可见到层理，物质成分主要为花岗岩风化而成的砂粒。

图 2-43　石灰岩谷地中含花岗岩组成的终碛

经调查发现，古冰川的上源为还在更远处的鲁山东翼。从全球的情况来看，里斯冰期的规模要比最后冰期为大。当里斯冰期来临时，来自鲁山的一个分支冰川，曾进入沂源县芝芳沟；当冰川融化后就留下了目前仍可见到的终碛堆积。在由石灰岩组成的山谷中，能找到如此多的花岗岩成分的堆积体，这是为什么？谷内还有农田，只要挖个坑就可以找到含有花岗岩成分的堆积剖面。

十二、古冰川拖动与推动遗迹

（一）崂山前风庵附近的拖动现象

图 2-44 有一块似离又非离的石块，图中的一块岩石，当初，该块岩石与冰川融为一体，它

会随着冰川的运动而运动。事实上，它已被古冰川拖走了一段距离，后来冰川融化，无力将其搬走，形成今日所能见到的，构成似离非离的情景。

图 2-44　似离又非离的巨型花岗岩石块

（二）崂山风凉涧内的拖动现象

图 2-45 中标明 A、B、C 的 3 块巨大的岩块，它们处于不同高度，均被古冰川转动了 90°　角，这种现象是当地存在过古冰川活动的最好证明。

图 2-45　崂山风凉涧内的拖动现象

十三、中国东部低海拔保存的"U"形冰川谷

（一）崂山

由冰川侵蚀和展宽而形成的槽谷，横剖面呈"U"形或槽形，故又称"U"形谷或槽谷。与流水形成的山谷相比，呈现倒置的形态，即谷底上宽下窄。崂山东侧风凉涧的"U"形谷是我国东部低山丘陵区保存最好的"U"形谷。在宽阔的谷地中，谷底基岩裸露，仅有少量漂砾残存其中，常年干涸的河道与宽阔的冰川谷地，显得十分不和谐，谷口之外，则是石海分布区，见图 2-46。

图 2-46 崂山保存的"U"形冰川谷

（二）槎山

槎山位于山东荣成市南部的黄海之滨，距威海市区 100 km，主峰清凉顶海拔 539 m。经调查发现，槎山有一靠海的渔村，该渔村就建在一宽阔的"U"形冰川谷中，见图 2-47，谷坡上至今还保存着巨型漂砾。大家知道，被冰川作用过的冰川槽谷，今日被海水淹没后而形成的海岸，就成为峡湾海岸。如果海面再升高 10 m，槎山就形成了峡湾海岸。

图 2-47 槎山海岸冰川谷

（三）海洋岛

海洋岛，这个以整个海洋命名的岛屿，坐落在黄海深处，位于辽宁省大连市的东南方。鸟瞰全岛呈马蹄形状，全岛面积 18 km²，它是我国北部距离大陆最远的海岛。海洋岛是由 20 多座海拔为 200 多米高的山峰组成的，环绕在一起围成马蹄形港湾。经调查，该马蹄形就是巨大的冰川谷。冰期时期海洋岛冰川与大连冰川连在一起构成大连小冰原冰川。海洋岛上被海水淹没的"U"形冰川谷，形成了海岛上的峡湾海岸，见图 2-48、图 2-49。

图 2-48　海洋岛上被海水淹没的"U"形冰川谷

图 2-49　海洋岛峡湾形海岸

一、小冰原冰川和山麓冰川遗迹

（一）辽东半岛小冰原冰川遗迹

辽东半岛是冰期时期北冰洋寒冷气流南下的通道。那时的辽东半岛是远离海洋的内陆，气候寒冷，与来自西北太平洋的潮湿气流相遇，容易形成固态降水，导致大面积冰川的形成，辽东半岛无高山阻挡，会形成冰原冰川区。与斯堪的那维亚冰原相比，它的面积要小得多，故称小冰原，见图3-1和图3-2。

图3-1　辽东半岛小冰原冰川遗迹之一

图 3-2　辽东半岛小冰原冰川遗迹之二

（二）崂山东侧山麓冰川

山麓冰川消亡以后，其冰碛物往往以冰碛扇的形式出现。冰碛扇是由多条冰碛堤堆积在一起形成的扇状堆积地貌，也可以称为冰碛丘陵，见图3-3。冰碛扇的表面系由冰川漂砾组成的石海。在崂山东侧发育两处大规模的冰碛扇地貌，即仰口冰碛扇、返岭—华严寺冰碛扇，其中仰口冰碛扇面积约 4 km²（图3-4），返岭—华严寺冰碛扇面积可达 3 km²，图3-5。冰碛扇的前端被黄海淹没。

图 3-3　崂山东侧冰碛扇景观

图 3-4　仰口冰碛扇

图 3-5　返岭村—华严寺冰碛扇

（三）贺兰山

贺兰山海拔 2 000 ～ 2 500 m，地处阿拉善高原之东，银川平原以西，为内蒙古和宁夏界山。贺兰山的山前，展现一片漂砾景观，记录了冰期时期贺兰山曾被冰川覆盖，冰川扩展到山前，构

成大面积的山麓冰川分布区。当冰川消融后，就留下目前所见到的冰碛景观，见图3-6、图3-7、图3-8和图3-9。

图 3-6 贺兰山山麓冰川遗迹之一

图 3-7 贺兰山山麓冰川遗迹之二

图 3-8　贺兰山山麓冰川遗迹之三

图 3-9　贺兰山山麓冰川遗迹之四

二、山谷冰川

　　山谷冰川又称谷地冰川，规模较大、长达几千米至几十千米。表现为明显的粒雪盆和冰舌两部分，冰舌开始出现的地方，也是侧碛开始形成之地，更是古代雪线的位置。山谷冰川的厚度可达几百米。崂山最著名的山谷冰川被称为束住岭冰川。该冰川是崂山束住岭冰期形成的，见图3-10和图3-11。束住岭冰期为崂山第四次冰期，相当于欧洲阿尔卑斯山区的玉木冰期。该次冰期在崂山地区规模最小，冰期时期的雪线也最高。该期冰川形成的冰川地貌以新开辟的巨峰南路的束住岭最为典型。由前凤庵向北下台阶步行约200 m，过小桥可见突然出现的由巨大石块堆积的终碛堤，冰川完全发育在上次冰期形成的宽阔"U"形谷中。该次冰期的雪线高度在海拔720～750 m，形成的终碛堤厚达30 m左右，束住岭冰舌形成的冰碛堤长约1.5 km（据李培英等，2008）。

图 3-10　崂山束住岭冰川堆积

图 3-11　崂山束住岭冰川遗迹前缘

图 3-12　下苗村山谷冰川遗迹全貌

三、最典型的沂源县的古冰斗冰川遗迹

　　鲁山南翼沂源县，地处沂蒙山区，因沂河发源地而得名。沂源县是山东省平均海拔最高的地方。在近 5 km² 的境内，有大小洞穴 40 多个，称"北国第一洞群"。当地为石灰岩地区，发育了非常典型的山谷冰川，保存着许多冰碛地貌。仅从山东沂源县芝芳沟保存的古冰斗冰川遗迹，就足以证明海拔 1000 m 以下的低山丘陵也存在古冰川遗迹，它们是中华大地低海拔地区曾发生过古冰川活动的最佳纪录之一。冰斗形成在雪线附近，冰斗是山地冰川重要的冰蚀地貌之一。典型的冰斗是一个围椅状洼地，三面是陡峭的岩壁，向下坡有一开口，这样的冰斗在山东沂源县芝芳沟十八转谷地已被发现。该谷地为近东西向，两侧为石灰岩，南坡（阴坡）保存着完整的古冰斗冰川的侵蚀地貌和堆积地貌，见图 3-13，该图为古冰斗冰川的全貌。图中所见到的堆积地貌，为古冰斗冰川的终碛，高 50 余米、宽 250 m、厚约 200 m，由石灰岩的碎块组成。终碛的表面还裸露着许多漂砾，大者直径多在 1 m 左右。终碛堆积已处于胶结状，坚硬，顶部平坦，已被开垦，土地不肥沃。终碛的后面，为围椅状的古冰斗冰川留下来的粒雪盆，三面为陡峭的石灰岩岩壁，见图 3-14。粒雪盆的盆底为基岩裸露，不宜开垦，其中只剩下几块当年古冰川无力带走的漂砾。自古冰川消亡以来，那里非常平静，既无崩塌，也无泥石流活动。山东沂源芝芳冰碛剖面上部，选其细粒组分，经测年为距今 66.6 ka，属最后冰期形成的终碛堆积。该终碛的形成时代与崂山束住岭冰期相当。沂源县芝芳沟古冰斗冰川终碛为国内罕见的、保存如此完好的、侵蚀地貌与堆积地貌相对应的复合景观，建议当地能保护起来，可开发为旅游景点与科普基地。沂源芝芳冰碛堤

剖面上部和下部的冰碛物进行了热释光（ESR）测年，上部冰碛物年龄为 66.6 ka B.P.，下部冰碛物年龄为 138.1 ka B.P.。山东沂源县芝芳沟十八转谷地古冰斗冰川终碛剖面的堆积特征，显示为：杂乱无章、无层次、无分选的堆积体，符合冰碛物的堆积特征。该处的堆积物，肯定非泥石流所为。

图 3-13　冰斗冰川遗迹全貌

图 3-14　古冰斗冰川粒雪盆

四、东部保存最好的悬冰川遗迹

　　山坡上的积雪，在适宜的条件下，洼地内的积雪量大于消融量，久而久之，就会成为冰川冰，原先的储冰洼地，就会变成冰斗类地形，于是冰体会从冰斗的边缘被挤出，呈小型冰舌悬挂于冰斗口外的陡坎上，形成悬贴于山坡上的冰川而不下降到山麓，而成为悬在山坡上的冰川，故称为

悬冰川。它的规模较小，是冰川发育的雏形。当气候进一步变冷和降雪增加时，可发展成支谷冰川。崂山有多处悬谷，它的形成多与悬冰川活动有关，其中最为典型的是崂山八水河悬谷冰川，图3-15为悬冰川谷；图3-16为悬冰川抛弃的冰碛物。

图 3-15　悬冰川谷

图 3-16　悬冰川抛弃的冰碛物

第四章
冰碛地貌与冰川侵蚀地貌

一、延伸到海岸的古冰川舌

　　据不完全统计，崂山周围保存了若干条大小不等的山谷冰川，向崂山周围做放射状分布，仅在崂山东侧，就有 50 多条古冰舌堆积，延伸进入黄海（据李培英等，2008）。图 4-1 和图 4-2 是进入黄海的古冰川舌的典型代表。该冰川舌的长度在 1 ~ 2 km 之间，高度 19 ~ 20 m，坡度平缓，两侧均为洼地，完全由源自崂山中部的漂砾所组成。这样的堆积物，只有古冰川活动，才有如此巨大的搬运能力，绝不是泥石流活动所致。

图 4-1　崂山东侧延伸到海岸的古冰川舌

图 4-2　崂山东侧延伸到海岸的古冰川舌前缘

二、北京燕山古冰川舌

（一）兴隆县的奇石谷，六里坪景区

位于河北省兴隆县王平石村的奇石谷，系第四纪冰川作用所形成。不同岩性、风化程度不同，形成石摞石型堆积，见图 4-3，这是古冰川的搬运作用所致。图 4-4 为古冰川舌堆积。

图 4-3　石摞石型堆积（据网络）

图 4-4　北京燕山中部的古冰川舌

（二）青岛小株山古冰川舌遗迹

小珠山位于青岛市，坐落在青岛市黄岛区与青岛胶南市之间。小珠山系崂山余脉跨越胶州湾向西南延伸的支脉，为花岗岩山地。绵延于黄岛区、胶南市境内，东西宽 9 km，南北长 15 km，总面积 35 km²。主峰大顶海拔 725 m，与次峰南天门南北相峙，为青岛西南最高峰。小珠山雄峙青岛海滨，以奇秀而闻名胶东半岛。小珠山有大裂谷、石林、天梯、天桥、瀑布石、鬼子洞等奇峰怪岩，有可容纳上百人的白石洞等。小珠山起伏跌宕的峰峦呈现多姿多彩的景象，故又被称为"青岛小黄山"。林中幽谷景色最美，遍地细软柔嫩的结缕草，蔓延达数千米。谷地其间有涓涓细流，山坡上遍植板栗、山楂、杜鹃、甜杏、石榴等，犹如世外桃源（据网络）。值得一提的是，冰期时起的小株山和崂山一样都曾被古冰川覆盖，图 4-5 为小株山古冰川舌延伸到山前平原的遗迹。

图 4-5　小株山冰川舌堆积

三、保存最好的冰碛剖面

比较大一点的冰川，如：巨大的冰盖、冰帽、复式山谷冰川、山麓冰川、山谷冰川、冰斗冰川等，不论海拔多高、纬度如何，在它们消退以后，都会留下冰碛物，当冰碛物达到一定厚度后，就会出现冰碛剖面。冰碛剖面的一般特征为：杂乱无章、无分选、无层次、所含冰碛物棱角明显，冰碛物的剖面特征如下。

（一）劳伦泰德大冰盖

该图取自美国东北部路边。为劳伦泰德大冰盖消退后的遗存，见图4-6。

图4-6　劳伦泰德大冰盖消退后的遗存

（二）芦芽山冰碛剖面

芦芽山山区保存了很多的古冰川遗迹，这里展示的是终碛剖面的一部分，见图4-7。

图4-7　芦芽山冰碛剖面

（三）北京西山寨口冰碛剖面

北京西山寨口，从当地挖开的地层剖面来看，应当是冰碛剖面，见图4-8。

图4-8　北京西山寨口冰碛剖面

（四）庐山冰碛剖面

从庐山东门外挖开的剖面来看，属于典型的古冰川堆积特征，既无层理，也无分选，岩性各异，杂乱无章地堆积物，充分证明李四光对庐山古冰川遗迹的研究与分析是非常正确的，见图4-9。

图4-9　庐山冰碛剖面

（五）大青山

大青山境内多为山地，属阴山山脉大青山中段，自然景观独特。大青山保存着多种类型的古冰川遗迹，冰川堆积几乎是随处可见，图4-10。

图 4-10　大青山冰碛剖面

（六）天目山冰碛剖面

　　天目山，地处浙江省西北部临安市境内，浙皖两省交界处，距杭州 84 km。主峰仙人顶海拔 1 506 m。古名浮玉山，"天目"之名始于汉，有东西两峰，顶上各有一池，长年不枯，好像两个眼睛，故名。

　　天目山呈西南—东北走向，长 200 km，宽约 60 km。山地呈中心—深谷景观，海拔 1 500 m 以上山峰有 10 余座，最高峰清凉峰 1 787 m。岩性以花岗岩、流纹岩为主。天目山两侧多低山丘陵宽谷景观。地质古老，山体形成于距今 1.5 亿年前的燕山期，是"江南古陆"的一部分；地貌独特，地形复杂，被称为"华东地区古冰川遗址之典型"。天目山冰碛物非常发育，几乎是随处可见，图 4-11 就是路边出露的冰碛剖面。

图 4-11　天目山冰碛剖面

（七）招虎山冰碛剖面

招虎山位于胶东半岛南部的海阳市境内，距海阳城区 8 km，属崂山山系的分支。主峰招虎山海拔 549.7 m，山势陡峭，峰险深。据调查，该山古冰川遗迹随处可见，类型多样，如：冰川谷、巨型漂砾、冰臼，图 4-12 为招虎山的冰碛剖面。

图 4-12　招虎山冰碛剖面

（八）泰山东侧冰碛剖面

泰山位于山东省泰安市中部，素有"五岳之首"之称。主峰玉皇峰，在泰安市城区北，地理坐标为 36°16′N、117°6′E，海拔 1 532.7 m。在太古代时期，泰山曾经是鲁西巨大沉降带或海槽的一部分，堆积了很厚的泥砂质和基性火山物质。后来经过泰山运动，褶皱隆起成为巨大的山系，同时发生一系列断裂、岩浆活动和变质作用。形成了由各种变质杂岩和岩浆岩组成的泰山杂岩。进入第四纪以来，深受古冰川作用的影响，留下了深厚的古冰川遗迹，它的西侧和南侧受历代人类活动影响，许多遗迹已不复存在；只有北部和东部尚保存许多古冰川堆积剖面，见图 4-13 和图 4-14。

图 4-13　泰山东侧冰碛剖面之一

图 4-14　泰山东侧冰碛剖面之二

四、保存最好的劈石遗迹

劈石为岩石承受冻裂作用而形成。冰期时期气候寒冷，少量的融水进入岩石的裂隙而结冰，由于冰和水的密度不同，冰的密度是 0.9 g/cm³，而水的密度是 1.0 g/cm³。当水凝结成冰时，质量不变，密度变小（由 1.0 g/cm³ 变成了 0.9 g/cm³），所以体积变大（来自网络的资料，1 g 水结冰时膨胀力为 960 kg/cm²）。如果处在冰舌位置的漂砾，夏季来临时，裂隙中少量的冰会融化，再注入新的冰融水，冬季再结冰膨胀，经过多次反复，最终能将巨大的漂砾冻裂开，而成为劈石，我国从北到南方都有劈石景观，见图 4–15 到图 4–24。

（一）漂砾转变为劈石

图 4–15　北京密云劈石（据网络）

图 4–16　山东大泽山劈石

图 4-17　崂山劈石

图 4-18　崂山八水河劈石

图 4-19　连云港锦屏山劈石

图 4-20　蒙山劈石

图 4-21　峄山劈石

图 4-22　厦门劈石

图 4-23　海南岛劈石之一

图 4-24　海南岛劈石之二

（二）冰碛物中的劈石

在冰碛剖面中，也可找到劈石，这就证明该冰碛剖面的堆积物，非泥石流所为，见图 4-25。

图 4-25　崂山大河东冰碛物中的劈石

五、古冰川舌堆积剖面

通常的山谷冰川，在消融以后，就会把过去的底碛、内碛和表碛，集中在一起而成为古冰川舌堆积，原先在冰面上的巨砾或者是早先的"冰蘑菇"，在冰川完全消退以后，就会留在古冰川舌上，以蒙山、崂山、峄山和北京的燕山最为典型。图 4-26 为崂山大河东古冰川舌剖面；图 4-27 为崂山仰口冰碛剖面。

图 4-26　崂山大河东古冰川舌剖面

图 4-27　崂山仰口冰碛剖面

六、基岩上的冰碛剖面

冰川与河流相比，有其特殊的地方，冰川具有增厚和爬高的特征，所以有许多冰碛物，可以在比较高的基岩面上运行，而泥石流则只能向低处流，所以不能用泥石流来解释冰舌堆积，图 4-28 是在北京市延庆县大庄科乡的白龙潭发现的巨型 "冰臼" 之旁的冰碛剖面；图 4-29 是昆俞山冰碛剖面；图 4-30 为大青山冰碛剖面。

（一）延庆县大庄科乡的白龙潭

图 4-28　基岩上的冰碛剖面

（二）昆嵛山

昆嵛山横亘烟台、威海两地。主峰泰礴顶，海拔 922.8 m，为半岛东部最高峰。登顶观，一览众山小，不是泰山，胜似泰山，见图 4-29。

图 4-29　昆嵛山冰碛剖面

（三）大青山

图 4-30　大青山冰碛堆积

七、冰碛海岸

据目前的调查，我国的四大海区均存在冰碛海岸。进入冰消期以后，全球冰川大幅度融化，分布于中国东部低山丘陵区的古冰川也随之消亡；大量冰川融水和其他大陆冰川融水共同回归海洋，引起海面升高；随着海水入侵陆架，淹没原先的冰水活动区。目前所描写的冰碛海岸是指全新世海侵以来，海水伸入陆架，淹没伸展到现在陆架区的山谷冰川、山麓冰川、冰碛扇的残存部分。经过海水长期对冰碛物的侵蚀，带走冰碛物中的细粒物质，形成目前所见到的由冰碛海岸组成的海岸。中国四大海区的冰碛海岸，见图4-31到图4-44。

（一）南海古冰碛海岸

南海天涯海角附近为我国最南端的冰碛海岸。除漂砾群之外，还有现已发现的最大的冰椅石，记载了冰川融水的巨大能量所形成的微地貌景观。南海海南岛古冰碛海岸，见图4-31和图4-32。

图4-31　南海海南岛古冰碛海岸之一

图 4-32　南海海南岛古冰碛海岸之二

（二）东海古冰碛海岸

东海的冰碛海岸，大部分被冰川融水冲掉，有被海水覆盖，目前在舟山群岛和台湾岛还有保存，见图 4-33 和图 4-34。

图 4-33　东海舟山桃花岛冰碛海岸

图 4-34　台湾野柳冰碛海岸

（三）黄海冰碛海岸

黄海冰碛海岸集中分布在崂山，见图 4-35 到图 4-36。

图 4-35　延伸到黄海海岸的古冰舌前缘

图 4-36　崂山冰碛海岸之一

图 4-37　崂山冰碛海岸之二

图 4-38　崂山冰碛海岸之三

图 4-39　崂山冰碛海岸之四

图 4-40　崂山冰碛海岸之五

图 4-41　冰碛海岛之一

图 4-42　冰碛海岛之二

（四）渤海古冰碛海岸

渤海的古冰碛海岸主要分布在葫芦岛龙湾浴场西海岸。为中生代形成的古冰川形成的堆积体，现已胶结成砾岩。当地老百姓用卵石盖农舍，修乡间小路，成为当地重要的建筑材料。这些碎石大小相差悬殊，棱角分明，见图 4-43、图 4-44。它们在海中受巨浪的冲刷，并随着激流上下滚动，相互碰撞、摩擦。锋利的棱角逐渐地被夷平，慢慢地变小而且变得圆滑起来，终于成为人们喜爱的光滑的卵石。

图 4-43　葫芦岛一带的老冰碛海岸之一

图 4-44　葫芦岛一带的老冰碛海岸之二

八、峤山侧碛

堆积在冰川两侧谷坡上的冰碛物称侧碛。侧碛的向下游方向，常和冰舌前端的终碛堤相连；向上游方向可一直伸延到雪线附近。更新世期间峤山发育了多条冰川，从上部的源区向山麓一带移动，所以峤山的冰碛物主要以侧碛、中碛为主要堆积特征。如果两条山谷冰川相遇，它们原先的侧碛会合二为一，成为中碛。为方便起见，我们把位于峤山景区东侧，保存最佳的两列侧碛，分别称为西侧碛和东侧碛，东、西侧碛之间的冰川称为古 1 号冰川。图 4-45 为峤山古 1 号古冰川西侧碛。外观为长条形，岩性为中粗粒花岗闪长岩类，风化程度较高，堆积在上次古冰川形成的磨光面上。从沉积结构来看，它是杂乱无章的漂砾堆积、无分选、无层次的叠加地貌发育。图 4-46 为峤山古 1 号古冰川东侧碛冰碛堆积物，图中宽阔的磨光面，为古冰川活动时的冰舌位置。若进一步分析，该东侧碛也可能定为中碛，它和东面的 2 号冰川共用侧碛（西侧碛也是共用侧碛，应为中碛；为简化起见，还是称为西侧碛）。图 4-47 为峤山 1 号古冰川东西侧碛间的古冰川舌遗迹，古冰舌底部为磨光面，磨光面上散落着大小不一的漂砾，多为冰川活动时期的表碛。在冰川融化过程中，冰川移动消失，无力再将其搬走，当冰川完全消亡后，自然就形成今日的景观。虽经数万年，甚至数十万年的外力侵蚀，基本上仍能维持原貌。

图 4-45　峄山 1 号古冰川西侧碛冰碛堆积物

图 4-46　峄山 1 号古冰川东侧碛和宽阔的磨光面

图 4-47　东西侧碛间的古冰川舌遗迹

九、崂山冰川纹泥

（一）冰川纹泥沉积

　　冰川后退时，因为前面冰碛物的堆积而阻塞冰水的流路，常常在终碛堤后积水形成冰川湖。在春、夏季，冰川融化，大量泥沙流入湖中，比较粗的颗粒迅速沉积，细的颗粒往往悬浮在水中甚久。到秋、冬季，湖面结冰，粗的供应物质宣告中断，这时在冰层以下悬浮的细粒泥土和藻类物质就开始慢慢沉积，成为深色的黏土，与湖中在春夏季沉积的较粗泥沙截然不同。如此形成一粗一细、色调各异的两层，很容易识别的沉积物，称为季候泥（冰川泥或纹泥）。

　　季候泥像树木的年轮一样，可据此计算沉积物质形成的年代，每一对粗细的冰川泥代表一年的沉积，有多少对就代表有多少年的冰水湖沉积。由此也可以推断冰川退缩的历史，以及古气候的变化，因为特别热的夏季可以有比较厚的粗砾季候泥。

　　崂山北九水卧龙村西的山坡上，冰期时期曾形成冰川湖，见图 4-48 到图 4-50，表 4-1。

图 4-48　崂山卧龙村季候泥之一

图 4-49　崂山卧龙村季候泥之二

图 4-50　崂山卧龙村季候泥之三

表4-1 崂山冰碛堆积和季候泥的测年

实验室号	野外号	铀（U）(×10⁻⁶)		钍（Th）(×10⁻⁶)		钾（K）(%)	含水量(%)	剂量率(Gy/ka)		等效剂量(Gy)		年龄(ka)		注
			±		±				±		±		±	
IEE1344	D1 仰口剖面	3.99	0.14	17.14	0.36	2.00	24±3	4.19	0.21	811.2	21.1	193.5	10.7	参考
IEE1345	D2 仰口剖面	1.07	0.06	5.49	0.13	1.13	24±3	1.80	0.07	299.2	37.4	166.5	21.8	参考
IEE1346	D3 仰口冰碛扇顶部	3.24	0.14	15.62	0.33	1.60	24±3	3.55	0.18	640.2	74.0	180.2	22.7	参考
IEE1347	D4 白云水库中碛	4.29	0.13	18.85	0.40	2.80	24±3	5.04	0.23	476.3	19.4	94.5	5.8	
IEE1348	D5 白云水库山谷北侧	2.76	0.12	14.61	0.31	1.79	24±3	3.49	0.16	156.1	3.4	44.7	2.3	参考
IEE1349	D6 刁龙嘴大桥下冰碛物	3.16	0.13	14.08	0.30	2.19	24±3	3.88	0.17	666.9	75.3	172.0	20.9	参考
IEE1350	D7 华严寺终碛	4.71	0.14	26.19	0.55	2.64	24±3	5.60	0.28	791.6	68.1	141.3	14.0	参考
IEE1351	D8 华严寺村公路旁	4.05	0.14	14.51	0.30	2.38	24±3	4.31	0.20	848.0	91.4	197.0	23.0	参考
IEE1352	D9 天波池	3.16	0.12	22.70	0.48	1.90	24±3	4.32	0.22	1.2	0.4	0.3	0.1	
IEE1353	D10 瑶池	2.68	0.10	13.86	0.29	2.09	24±3	3.65	0.16	1.8	1.3	0.5	0.4	
IEE1354	D11 束住岭前缘	4.32	0.13	33.03	0.66	2.58	24±3	5.98	0.31	52.1	3.6	8.7	0.8	
IEE1355	D12 大河东水库冰碛堤	2.65	0.11	18.78	0.39	2.02	24±3	3.97	0.19	444.8	33.2	112.1	9.9	
IEE1356	D13 北九水八水桥	2.36	0.11	14.97	0.31	2.05	24±3	3.62	0.16	288.7	19.0	79.8	6.3	
IEE1357	D14 王哥庄西三沟	2.71	0.12	18.11	0.38	1.96	24±3	3.89	0.18	837.4	44.8	215.5	15.4	参考
IEE1358	D15 王哥庄核桃涧口	2.27	0.10	12.22	0.26	2.64	24±3	3.84	0.15	504.5	18.8	131.3	7.1	参考
IEE1359	P2D1 冰碛湖纹层	3.99	0.13	16.41	0.34	2.39	24±3	4.44	0.21	209.0	35.1	47.0	8.2	
IEE1360	P2D2 冰碛湖纹层	3.10	0.12	15.41	0.32	2.45	24±3	4.17	0.18	66.2	2.2	15.9	0.9	
IEE1361	P2D3 冰碛湖纹层	3.59	0.13	16.28	0.34	2.41	24±3	4.34	0.20	189.3	4.5	43.6	2.2	
IEE1362	P2D4 冰碛湖纹层	3.78	0.12	15.58	0.33	2.54	24±3	4.44	0.20	233.2	6.0	52.5	2.7	
IEE1363	P2D5 冰碛湖纹层	3.87	0.14	17.57	0.37	2.30	24±3	4.43	0.209	238.8	10.7	53.9	3.5	

十、挤压堆积

崂山太平宫附近的丘顶上，有几块被挤压在一起的漂砾，它们岩性不同、源地各异、"头重脚轻"、色调互异，却被古冰川带到此地，从此再也不能回去，见图 4-51 和图 4-52。

图 4-51　崂山挤压堆积（侧面）

图 4-52　崂山挤压堆积（正面）

第五章
古冰川漂砾

一、漂砾

（一）立于坡上的漂砾

冰川搬运能力极强，它能将巨大的岩块搬运到很高的地方。这些被搬运到很远或很高地方的巨大岩块被称为漂砾。漂砾的大小极其悬殊，有的只有拳头那么大，有的则有房子那么大。漂砾可随冰川被搬到很远的地方。当冰消期来临之际，那些原先被冰川运移而来的漂砾，只能就地而息，慢慢地停下来，并能保持原先的状态，于是就会出现立于坡上的漂砾，见图5-1到图5-4。

图 5-1　崂山华楼立于坡上的漂砾

图 5-2　鹤山立于坡上的古冰川漂砾

图 5-3　峄山立于坡上的漂砾之一

图 5-4　峄山立于坡上的漂砾之二

（二）直立的漂砾

许多漂砾可以直立型停放在斜坡上，这是用山崩、泥石流等无法解释的地质现象，低海拔山区遗留的部分直立型漂砾，见图 5-5 和图 5-6。

图 5-5　峄山直立漂砾

图 5-6　崂山直立型漂砾

（三）斜坡安放型

在坡度很大的山坡上，也能见到被古冰川遗弃的漂砾，冰川抛弃了巨砾，它们只好随遇而安，见图 5-7 到图 5-11。

图 5-7　崂山停在斜坡上的漂砾之一

图 5-8　崂山停在斜坡上的漂砾之二

图 5-9　天柱山斜坡上的漂砾

图 5-10　嵯山停在斜坡上的漂砾

图 5-11　鹤山停在斜坡上的漂砾

（四）巨砾覆盖型

漂砾在被古冰川的搬运过程中，遇到冰消期气候来临，冰川融化，不再作长距离运动。过去夹在冰层中、停在冰面上的漂砾，在冰川消融的同时，只好毫无选择地就地堆积，也就是随处为家，时至今日，也未能改变它们的位置，见图 5-12 到图 5-14。它们都有大漂砾压在小漂砾之上景观，展示出它们既无分选，也无层序。几千吨重的漂砾要是从山上滚落下来，一般会选择在低处停下来，而实际上许多巨型漂砾是选择了在比较高的山脊部位停下来；再则，如此巨大的漂砾如果发生过碰撞早该摔碎，经反复观察巨型漂砾与其下面的较小漂砾间，并无撞击的痕迹。实际上，这些漂砾就是冰川活动时的"冰蘑菇"，冰川融化后，它们就轻轻地落在了原地。

图 5-12　崂山巨砾停靠在较小的漂砾上之一

图 5-13　崂山巨砾停靠在较小的漂砾上之二

图 5-14　崂山巨砾相互叠加

二、庐山、崂山和安庆漂砾

（一）庐山漂砾

　　1930 年命名为庐山漂砾层；庐山被联合国教科文组织评为中国首批世界地质公园。这是继庐山被评为世界文化遗产后所获得的又一世界级殊荣。我国著名科学家李四光先生在庐山考察时，发现了第四纪冰川留下的踪迹，提出了中国第四纪冰川地质学说大约在 200 万年以前，地球上出现了第四纪冰川，（据网络）。经实际考察，庐山漂砾与漂砾上的漂砾，见图 5-15 到图 5-19；图 5-20 为崂山漂砾，它与庐山漂砾图 5-15 和图 5-16 非常类似。

图 5-15　庐山漂砾与漂砾上的漂砾之一

图 5-16　庐山漂砾与漂砾上的漂砾之二

图 5-17　庐山漂砾与漂砾上的漂砾之三

图 5-18　庐山漂砾与漂砾上的漂砾之四

图 5-19　庐山漂砾与漂砾上的漂砾之五

（二）崂山扁平状漂砾

图 5-20　崂山扁平状漂砾

（三）安庆灵山漂砾

所谓石树，系象形而得名，树干树枝均由巨型花岗岩叠垒而成，纵观全貌，像一棵参天大树

耸立于灵山谷内，故曰"灵山石树"，全长 1 500 m。实际上，灵山巨石，都是古冰川漂砾，有些非常大的漂砾，不向低处移动，反而停留在一些丘顶上，见图 5-21、图 5-22 和图 5-23。

图 5-21　灵山漂砾之一

图 5-22　灵山漂砾之二

图 5-23 灵山漂砾之三

三、浙江漂砾

（一）天目山

天目山山体形成于距今 1.5 亿年前的燕山期。第四纪期间和庐山一样，发育了古冰川活动，留下了多种古冰川活动遗迹。随处可见的漂砾是其中证据之一，见图 5-24、图 5-25 和图 5-26。

图 5-24 天目山漂砾之一

图 5-25　天目山漂砾之二

图 5-26　天目山剖面中的漂砾

（二）普陀山的漂砾

　　浙江省舟山群岛东侧的普陀山，是舟山群岛 1 390 个岛屿中的一个小岛，面积近 13 km²，与舟山群岛的沈家门隔海相望。普陀山的游览景点很多，主要有普济、法雨、慧济三大寺，这是现今保存的 20 多所寺庵中最大的。普济禅寺始建于宋，为山中供奉观音的主刹，建筑总面积约

11000多平方米。法雨禅寺始建于明。慧济禅寺建于佛顶山上,又名佛顶山寺。在人们的印象中,普陀山怎么会有古冰川遗迹?经过实地考察,那里确实存在多种古冰川遗迹。当你到达普陀山以后,除了观光拜佛以外,别忘了观察一下普陀山所保存的古冰川活动遗迹,定会是非常有益的,见图5-27、图5-28、图5-29、图5-30。普陀山上的巨型漂砾杂乱无章地堆放在一起,多分布于丘顶。

图 5-27　普陀山漂砾之一

图 5-28　普陀山漂砾之二

图 5-29　普陀山漂砾之三

图 5-30　普陀山漂砾之四

四、福建竹田岩漂砾与海南岛漂砾

（一）竹田岩

竹田岩位于长乐古槐镇竹田村天马山，又名"叠翠岩"，素以山石奇特、岩洞幽深闻名遐迩。那里巨石累累，横七竖八，杂乱无章；有的立于山岗，有的散落山前；有的位于丘坡，有的相互叠加，有的被埋于地层中，见图5-31到图5-33。

图5-31　竹田岩漂砾之一

图5-32　竹田岩漂砾之二

图 5-33　竹田岩漂砾之三

（二）灵石山

灵石山位于福建省福清市东张镇三星村西南。其间古木参天，郁郁葱葱。峭特的山势，形成各种自然胜景，著名的有九叠峰、留雪峰、报雨峰。其中九叠峰挺拔、峻峭，宛如一柄利剑，直刺云端。山上还有一块石头，传说能鸣，且久晴鸣必雨，久雨鸣必晴。

在通向灵石寺的林荫石道旁，有一块巨石，上刻"香石" 2 字。石的体积大如一间普通的房子，以手摸石，则香留手上；以鼻闻之，则清香扑鼻。虽历尽沧桑，而清香如故，灵石山也因此而得名。灵石山附近的漂砾，见图 5-34 到图 5-36。

图 5-34　灵石山漂砾之一

图 5-35　灵石山漂砾之二

图 5-36　灵石山附近的冰椅石

（三）海南岛东山岭漂砾

图 5-37　海南岛东山岭漂砾

五、夹石型漂砾

　　夹石为古冰川活动遗迹之一。在两块巨型漂砾之间或者在一峡谷中，夹有一块或者多块，被冰川将其从异地搬运来，落在其中，因体积较大，而不能落入底部，形成夹石。它的形成过程，可以描述为，遇到冰消期来临，冰川无力将它运走，恰好落在峡谷或者漂砾间的巨型岩石，形成夹石景观，见图 5-38 到图 5-43。它的形成过程与泥石流活动无关。

图 5-38　天柱山夹石之一

图 5-39　天柱山夹石之二

图 5-40　天柱山夹石之三

图 5-41　崂山太平宫夹石

5-42　峄山夹石

图 5-43　海南岛东山岭夹石

六、崂山的巨型漂砾

崂山的巨型漂砾广为分布，几乎是随处可见，不论是高处还是低处，也不论是山坡还是坡麓，都可见到形形色色的漂砾，同样证明了崂山的古冰川遗迹是普遍存在的，见图 5-44 到图 5-47。

图 5-44　崂山巨型漂砾之一

图 5-45　崂山巨型漂砾之二

图 5-46　崂山不同岩性的漂砾

图 5-47　崂山堆积剖面中的漂砾

七、石河型漂砾

据浙江省地质部门的相关材料中记载，1930 年，中国地质之父李四光曾考察此地，提出了此为第四纪冰川遗迹的推断。石河中的巨型漂砾，并非来自当地，它们多是从远处被古冰川搬运而来，又被遗弃在此，见图 5-48 到图 5-50。

图 5-48　天目山石河

图 5-49　浙江山沟沟中的漂砾

图 5-50　万马渡石河

八、海南岛漂砾

　　冰期时期海南岛和中国大陆联在一起，是大陆的南端，同样受到冷空气的影响，又因当地水分供应充分，有利于古冰川发育，留下广为分布的古冰川遗迹，漂砾为古冰川遗迹类型之一，见图 5-51 到图 5-54。

图 5-51　海南岛天涯海角附近的漂砾之一

图 5-52　海南岛天涯海角附近的漂砾之二

图 5-53　海南岛吊罗山漂砾

图 5-54　海南岛东山岭漂砾

九、海岸及其附近的漂砾

　　有些巨砾被古冰川搬运到冰川的前缘，相当于终碛的位置，后来又被升起的海面所淹没，成为海中小岛，见图 5-55 和图 5-56。十分明显，在海水未到达之地，它们为低海拔地区的巨型漂砾。

还有漂砾被遗弃在海岸上，至今仍孤零零地立在那里，似乎在告诉人们，我们都是被古冰川遗弃在此的，见图 5-57、图 5-58 和图 5-59（它们的岩心性与当地基岩不同）。

图 5-55　崂山东侧退潮露出的部分漂砾

图 5-56　槎山附近的海中漂砾

图 5-57　槎山海岸上的巨型漂砾之一

图 5-58　槎山海岸上的巨型漂砾之二

图 5-59　槎山海岸上的巨型漂砾之三

十、蒙山漂砾和磨光面、崂山磨光面

沂蒙山形成于中生代侏罗纪，属太古界泰山群，其地质构造属华北地台、鲁西台背斜鲁中隆断区、沂蒙山单断凸起中段北翼，断裂构造为西北向的沂蒙山断裂。沂蒙山山脉横跨沂蒙大地，山势逶迤起伏，奇险峻峭，有较大山头300多个，山谷陡涧300余条。沂蒙山云蒙景区岩石以片麻岩为主，间有花岗岩、砂岩。

沂蒙山山脉呈东南、西北走向，绵延百里。蒙山园地处沂蒙山主脉北侧，顺沂蒙山主脉呈东南、西北向，长度达30 km。园区内山峰耸立、地势险峻，悬崖沟壑较多，山峰上部多陡峭，下部较为平缓。主峰冷峪顶海拔1 108 m，为山东省第六高峰。云蒙峰、栖凤山、望海楼等山峰海拔也在1 000 m以上，主要范围一般在400～800 m之间。根据调查，蒙山的整个山体曾被古冰川覆盖，每次冰期进入冰消期以后，都会留下一些遗迹。目前见到的是整个第四纪期间所遗留下来的古冰川遗迹，见图5-60到图5-64。

图5-60　蒙山的侧碛堤

图5-61　蒙山的巨砾磨光面

图 5-62 蒙山的巨型漂砾

图 5-63 蒙山的巨型漂砾群

图 5-64　崂山的巨砾磨光面

十一、崂山充填冰臼的漂砾

冰臼形成以后，冰川还会向前运动，留下冰碛物，有时会盖住冰臼，见图 5-65、图 5-66 和图 5-67，也有可能是不同冰期共同形成的。

图 5-65　崂山充填冰臼的漂砾之一

图 5-66　崂山充填冰臼的漂砾之二

图 5-67　崂山充填冰臼的漂砾之三

十二、峄山漂砾

　　峄山的巨石、奇石是无法统计的。满山遍野的巨砾和奇石，或位于谷中，或置于山巅，或停于丘顶，或靠于山坡，或叠加在一起；它们是无处不在，无沟不存，峄山可谓"巨石和奇石之故乡"。登过峄山的先民们，包括历代的文人墨客，并不知道峄山奇石的形成原因。从冰川地质学的观点来看，峄山奇石源于更新世期间的多次古冰川活动。冰川拖着巨石（也就是漂砾）缓慢移动，并能把漂砾带到古冰舌的前缘；冰消期的到来，冰川融化，无力继续搬运巨石，那么些巨石，只好随遇而安，停留在任意的位置。它们的存在，指示了当时冰川的路径与规模，为我们再现古冰川活动过程，提供了依据，见图5-68到图5-71。

图 5-68　重心在上型漂砾之一

图 5-69　重心在上型漂砾之二

图 5-70　峄山巨型漂砾之一

图 5-71　峄山巨型漂砾之二

十三、厦门漂砾

冰川漂砾是由冰川搬运到很远很高地方的巨大冰碛砾石。它的径长可达数米甚至数十米，其搬运远近以冰川规模大小而定。冰川搬运能力很强，它不仅能将冰碛物搬运很远的距离，还能将巨大的岩块搬到很高的地方。厦门存在许多巨大的漂砾，过去尚无文献描述，经实地考察，厦门大学大门旁的庙宇内，就存放着许多巨型漂砾，见图 5-72 到图 5-75。

图 5-72　厦门巨型漂砾之一

图 5-73　厦门巨型漂砾之二

图 5-74　厦门巨型漂砾之三

图 5-75　福建漂砾（据网络）

十四、大围山漂砾

湖南的大围山以七星峰为最高峰，海拔 1608 m，七星峰南北两侧为浏阳河的源头。大围山地质年代古老，第四纪冰川地质遗迹地貌明显且资源丰富，有冰斗、冰坎、刃脊、U 形谷、冰溜面、冰川擦痕、冰川漂砾、冰臼等，类型多样，保存完整。第四纪冰川将球状风化形成的花岗岩石蛋缓慢移动，漂至满山，形成了大小不等、形态各异的漂砾和漂砾群，如图 5-76 到图 5-80。

图 5-76　湖南大围山巨砾之一

图 5-77　湖南大围山巨砾之二

图 5-78　湖南大围山巨砾之三

图 5-79　湖南大围山巨砾之四

图 5-80　湖南大围山巨砾之五

十五、宁波四明山漂砾

　　鹁鸪岩洞（水帘洞）位于仰天湖景区，岩洞上部为陡悬于山谷间的峭壁，洞顶一股飞瀑直流而下，飞珠溅玉，吐霓挂虹，落地汇成清澈没膝的水潭。因洞旁谷中时有鹁鸪声声啼鸣而得名。余姚四明山镇仰天湖林区的鹁鸪岩，见图 5-81。图 5-82 为四明山石摞石景观。

图 5-81　四明山鹁鸪石

图 5-82　四明山石擂石

十六、芦芽山漂砾

　　芦芽山系管涔山的主峰，位于山西宁武县境内，距宁武县城西南 30 km 处，属吕梁山脉，古冰川遗迹随处可见，谷中见有从异地被古冰川搬运而来的漂砾，见图 5-83 和图 5-84。

图 5-83　芦芽山漂砾之一

图 5-84　芦芽山漂砾之二

十七、泰山漂砾

经我们调查，泰山的古冰川遗迹主要分布在泰山周围的低山谷地中，并以堆积地貌为主。其中最为突出的是，在泰山东侧的冰坎、漂砾和厚层冰碛堆积，见图 5-85 和图 5-86。

图 5-85　泰山的巨型漂砾之一

图 5-86　泰山的巨型漂砾之二

十八、石摞石型堆积

　　石摞石是冰川活动区的重要地质现象，不同源地、不同色调、不同时代、不同大小的岩块，叠加在一起，构成石摞石景观。由于冰川的厚度大，如几十米或数百米厚，在冰川活动时期，在不同深度上，都会有冰碛物，也就是冰川的表碛和内碛。当冰川融化时，冰川不再运动，所含冰碛物不断降低高度，有的直接落到磨光面上，成为单独的漂砾；有的落在漂砾上，成为最初的石摞石；这一过程持续下去，就有可能出现三层、四层或多层石摞石景观，特别是还有大漂砾在上，小漂砾在下的倒置景观，进一步证实峄山地区确实存在古冰川活动。图 5-87 到图 5-90。石摞石现象用滚石堆积、泥石流活动，或者洪水堆积都难以解释。

图 5-87　峄山的石摞石之一
（简直是太巧了，一块巨石叠加在较小的漂砾之上）

图 5-88　峄山的石摞石之二（多层漂砾叠加）

图 5-89　峄山的石摞石之三

图 5-90　峄山的石摞石之四

十九、圣经山岔道型冰川融水侵蚀槽

　　圣经山主峰海拔 385 m，其山顶矗立着一块长约 15.6 m、高约 6 m，宛如新月形的巨石，其上阳面阴刻有太上老子《道德经》上、下两卷，146 行 5000 余字，每字长约 10 cm，颜体楷书，略带魏风，而《道德经》又被道家奉为"圣经"，故得名圣经山（据网络）。图 50-91 和图 50-92 所展示的圣经山岔道型冰川融水侵蚀槽，至今保存完好。该图表示，在冰期时期圣经山曾被冰川覆盖；进入冰消期以后，上述两幅图附近曾有冰川剖面，不停地供应冰川融水，时而较大，时而较小；融水量大时，可以冲蚀整个岩面；融水量小时，就分叉冲蚀，久而久之，就形成现在仍可见到的景象。

图 5-91　圣经山岔道型冰川融水侵蚀槽之一

图 5-92　圣经山岔道型冰川融水侵蚀槽之二

第六章
旋转流形成的冰臼

一、冰臼研究史

冰臼的基本形态为圆形，长期以来吸引众多的地质学家、冰川地质学家、旅行家，对其形成的原因产生兴趣，提出种种猜想进行探究，时至今日仍不乏研究者。国外关于冰臼成因的研究起步较早，基本上从科学角度进行研究。在这个领域内我国的研究起步较晚。由于国内关于中国东部低海拔地区，是否发生过古冰川问题存在争议，所以当韩同林研究员提出冰臼与冰川有关时，就受到种种刁难，想方设法加以阻难与反对，提出种种非冰川说加以解释，似乎是只要不提冰川，其他任何解释都可以。如：河流冲蚀说、风吹蚀、晶洞说，更有甚者还有所谓负球状风化说等不一而足。由此可见，在我国关于冰臼的发现与研究走了一段弯路。幸好，国内多数研究者，仍坚持正确的认识，在中华大地上，去查找冰臼的存在。到目前为止，我国各省均有关于冰臼的报道，与冰臼有关的旅游资源得到开发，理论研究正在逐步深入，有关低海拔地区的论著不断出现，李四光的低海拔山区存在古冰川活动遗迹的理论得到了证实和发扬；许多年轻的古冰川地质研究者，已经意识到更新世期间的古冰川活动对中华大地产生过重要影响，并留下众多的遗迹，尚等待青年们去开发、研究和利用。

冰臼（Glacial Potholes）一词，系由挪威人 Bršgger and Reusch 于 1874 年提出。从 19 世纪到 20 世纪中叶以前，在有关冰臼的地质著作中，只要提到冰臼，就将其与水流和水流的冲蚀作用联系在一起。随着大量调查资料的积累，研究者发现，那些位于山脊、丘顶、冰碛物顶部漂砾上的冰臼，与河流冲蚀活动并无关系。于是又产生另一种推想，那些在现今的河床中存在的冰臼，可能不是现今的溪流冲蚀而成的，而是水流冲刷掉散沙后暴露出来的。冰臼究竟是如何形成的？从 19 世纪末期以来，地质和地理学家、冰川学家、考古学家、森林学家、旅行家等不断地关注冰臼的成因，提出了种种解释，归纳起来可分为两类：其一为人为因素形成；其二为自然因素形成。

（一）"人为因素"形成冰臼

美国内华达州山的花岗岩出露地区，发育大量的奇异的岩盆，一直吸引着人们的关注。众多岩盆被地质学家称作冰臼，而当地的印第安人则称为浴盆、水池、洗衣盆、花岗岩盆和岩盆等。地质学家还发现，冰臼在花岗岩出露区最为常见，其外形多为圆状或不规则状。岩盆多单一，或者成双、成群出现。有些冰臼还带有明显的出水口，表明冰臼在形成过程中有稳定的水源补给和

排水通道。据调查，冰臼主要分布于南内华达山，高海拔的针叶林带的广大地区。冰臼这种奇特的、近于圆形的地貌特征，吸引着不同行业的研究者去探索其成因，其中值得一提的是乔治斯图尔特，他在《美国考古学》杂志上首次描述了有关冰臼的成因。他认为：冰臼是人工形成的，而不是自然作用形成的。他猜测，印第安人在岩石上生火，然后将水浇于已被火烧热的岩石表面，再通过对岩石的捶击或碾磨将内表面打磨光滑而形成今日所见到的冰臼。

（二）自然因素形成冰臼

为了探索冰臼的形成过程，亚历山大（Alexander，1932）在实验室进行了下述实验：在直径 8 英寸的玻璃圆柱中，涡旋速度达到了 80～100 r/min，只有极细砂从底部被托起了几英寸。因此可以看出在漩涡坑中，当深度超过了直径，只有极少数的物质能被移走。亚历山大又使用一个大的玻璃烧杯和一些起到"磨蚀作用"的大理石碎块（或者小扁豆），以观察水的流动。或许水中还可以添加一些食用色素可以更鲜明地表现水在仿真"冰臼"中的流动形式，如图 6-1A 所示：（A）左边：亚历山大的实验利用玻璃烧杯和插入水中的一根水管。环流模式用黑色箭头来表示，水流通过中心的涡流流出。后来摩根马（A.Morgan，2002）又做了类似的实验，如图 6-1（B）右所示：外业草图的冰臼形态和假定水循环。水从右边进入、向下流入螺旋凹槽，然后围绕中心的突起基岩循环几次，从冰臼的中间射出。

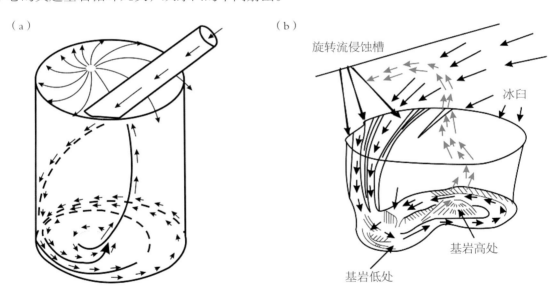

图 6-1　冰臼形成模拟实验与形成过程示意图
（a）据 Alexander（1932）；（b）据 Morgan（2002）

2005 年，Taylors，Falls MN 提出了图 6-2 所示的情景，该图展示了带有冰碛物进入冰臼底部的情况。如图 6-2 所示，进入冰臼的冰碛物作为工具在臼内旋转，在这种情况下，在冰臼底部就不容易形成"基岩高处"或者称为"锥型小丘"了。

Glacial Pothole Geology
(Source: Glacial Gardens, Taylors Falls, MN)

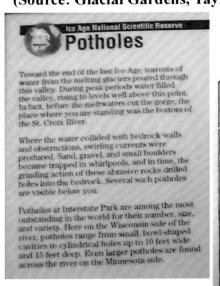 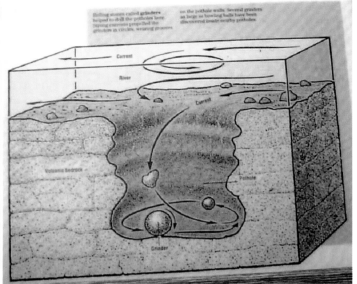

图 6-2　带有冰碛物进入冰臼的情景

（据 Glacial Gardens，Taylors，Falls MN，2005）

　　通过上述两位研究者的实验证明，只有以某种角度向下流的水体，才能产生螺旋状水流，以快速旋转流的形式侵蚀冰层，并带着从冰层中获得的大小冰碛物，不停地向下钻进，最终到达更大的冰碛物上，或者基岩上，经过数年或几十年、几百年，甚至更长时期的冲蚀，终于形成了各种各样的、千奇百怪的冰臼。由于旋转流的钻进，所以冰臼的内壁带有明显的螺纹。2006 年 Mikolajczy 也绘出了冰臼形成过程的示意图，见图 6-3。左图为冰层下，旋转流的初始阶段；中图为旋转流的发展阶段，右图为旋转流的加深与完善阶级，这时冰臼已经形成。实际上，在冰消期到来之际，这三个阶段是同时存在的，所以在冰臼发育区，可以同时看到处于不同发育阶段的冰臼，在外观上显得坑坑洼洼、支离破碎。

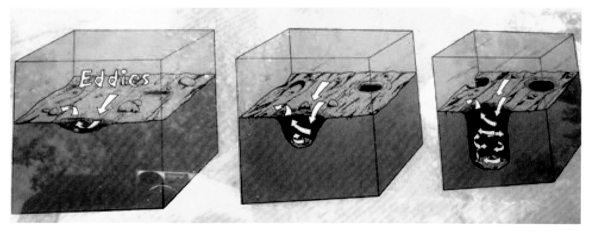

图 6-3　冰臼形成过程的示意图

（据 Created By：Jennifer Mikolajczy，December 11，2006k）（www.steveheller.com）

最近，在网络上看到萧关绘制了一套新的示意图，来解释冰臼的形成过程，见图6-4。

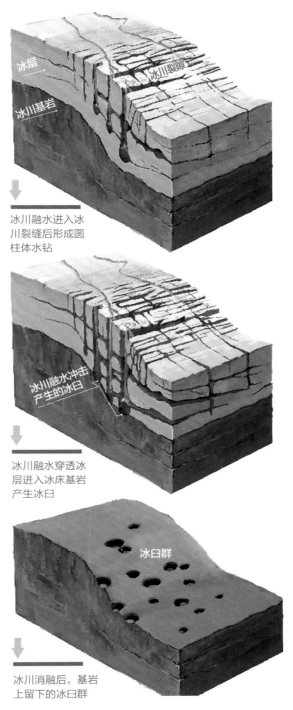

图6-4　冰臼形成过程示意图（据网络）

该图论点明确，绘图者对冰臼的形成过程，对问题的认识已经超过国外研究者所绘制的示意图。看来，他对韩同林的观点，了解得比较深刻。

二、带有旋转锥的冰臼

（一）北京市延庆县大庄科乡

北京市延庆县大庄科乡的白龙潭发现了巨型"冰臼"。该巨型冰臼的发现，证明了冰臼形成过程中的旋转流理论是正确的。延庆县大庄科乡昌赤路与莲花山路交叉口的白龙潭桥下，四周草木丰茂，一条小溪从谷底流过，与普通山谷并无区别。地处 40024′51.42″N、116014′38.22″E，海拔高度 477 m，最大口宽为 20 m，最深为 18 m，由坚硬的花岗岩石组成。图 6-5 为正在清理中的巨型冰臼；图 6-6 为灌满水后的景象。白龙潭巨型冰臼的发现，证明了 Jennifer Mikolajczy 的理论分析是正确的。

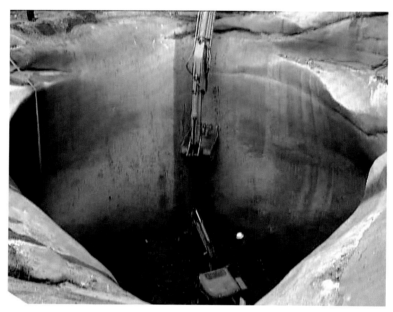

图 6-5　正在清理中的巨型冰臼（据北京电视台《魅力科学》栏目，下同）

图 6-6　灌满水后的景象

在挖开以后，白龙潭巨型冰臼竟然存在带有螺旋锥体的冰臼底部，见图6-7。

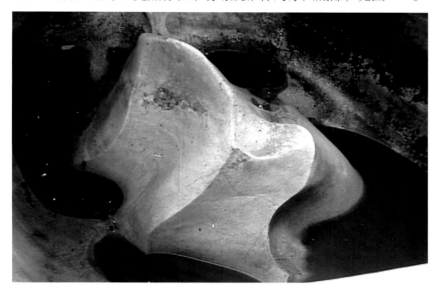

图6-7　带有旋转锥的冰臼底部

（二）河南省鹤壁市

河南省鹤壁市在淇河河床中发现的大片岩石洞穴。在淇河白龙庙段河床中发现大面积分布着多种形状的岩石洞穴，有圆形、近圆形、椭圆形、花瓣形，大小不一，深浅有异，有的臼中连臼，造型奇特。经工作人员勘察，这些冰臼直径在1 m以上的有41处，1 m以下的有千余处，深度从0.5 m到5 m不等，分布面积达6 400 m² 余。淇河冰臼在形成时的冰川属于干净冰川，在多年的发育过程中，未曾有漂砾落入臼中，所以那里的冰臼，多带有旋转锥，见图6-8、图6-9。

图6-8　淇河带有旋转锥的冰臼之一

图 6-9　淇河带有旋转锥的冰臼之二

（三）广东省河源

广东河源市也见带有旋转锥的冰臼。河源，别称槎城，见图 6-10。

图 6-10　河源带旋转锥的冰臼（据网络）

（四）重庆梁平县

重庆梁平县也有发育很好的带旋转锥的冰臼，见图 6-11。

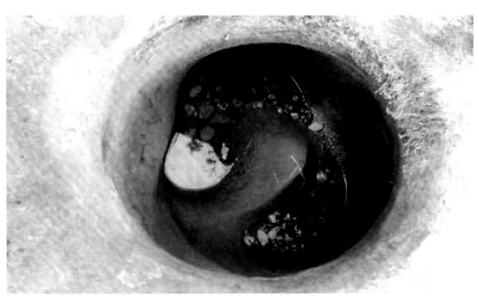

图 6-11　重庆梁平县带旋转锥的冰臼（据网络）

（五）大青山

图 6-12　大青山带旋转锥的冰臼（据网络）

三、带有旋转球的冰臼

（一）旋转球形成示意图

　　可能因某种偶然因素，落入臼中的漂砾，经冰川融水的长期侵蚀、旋转，既能作为工具使冰臼底部的锥体消失，也能把落入臼中的漂砾自身也磨成球形。图 6-13 为国外研究者绘制的冰臼与旋转球形成示意图。从该图可以看出，冰臼的形成与冰洞中旋转流活动有关（据 Potholes. And glacier mills，P.489）。

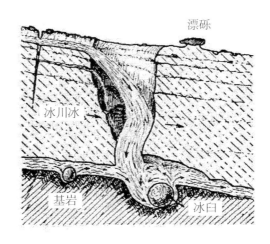

图 6-13　冰臼与旋转球漂砾形成示意图（据网络）

（二）舟山桃花岛的旋转球漂砾

舟山群岛中的桃花岛的塔湾景区内，也就是龙珠滩海边，东海神珠重约千斤，直径在 80 cm。从海岸环境变迁的角度来看，东海神珠和刻上"东海神珠"字的，以及刻有龙珠滩的那块石头，均为古冰川漂砾。形成东海神珠的那块漂砾较小，经过古冰川融水自上而下的冲击，正如同许多冰臼的底部存在圆球一样，为非常典型的由于冰川融水的不断冲击而形成的圆球，见图 6-14。而东海神珠在其形成过程中，其主要动力是冰川融水形成的，由于它目前位于高潮线附近，非常容易被误认为是由海浪形成的。其实，海浪在高潮线附近，它的能量已接近消失，特别是从岩石缝隙中，被冲上来的水流，主要是上下运动，并无能力把千斤重的岩石托起，形成旋转运动。图 6-15 为景点区关于东海神珠的简介；东海神珠的存在，再次证明中国东部存在低海拔型古冰川活动（有点遗憾的是，原始景观已被改动）。

图 6-14　东海神珠近景

（偶尔上来的海水不能形成圆球，它是过去冰川时期的冰消期遗留下来的）

图 6-15　东海神珠简介

（三）江西赣州崇义县的旋转球漂砾

如果漂砾落入冰臼中，在旋转流的作用下，漂砾被磨成球状，一旦冰川融化，球也就落入臼中，所以在过去的冰川活动区，能见到非常圆的孤立存在的球体，见图 6-16 和图 6-17（据网络）。

图 6-16　江西赣州崇义县臼底圆状漂砾之一（据网络）

图 6-17　江西赣州崇义县臼底圆球状漂砾之二（据网络）

（四）山东日照

山东日照挖出的圆球状漂砾，见图 6-18。

图 6-18　山东日照挖出的圆球状漂砾（据网络）

（五）国外保存的旋转球漂砾

图 6-19 到图 6-21 为国外文献中见到的旋转球漂砾。

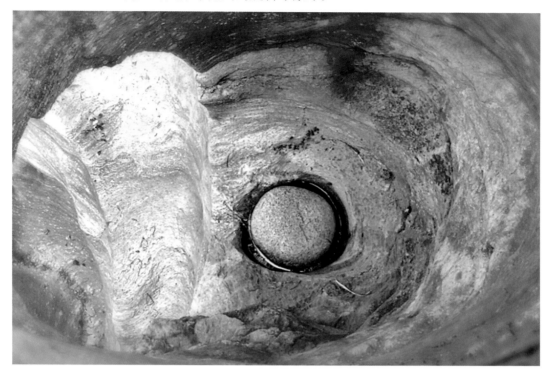

图 6-19　臼底旋转球漂砾（据网络）

图 6-20　国外见到的旋转球漂砾（据网络）

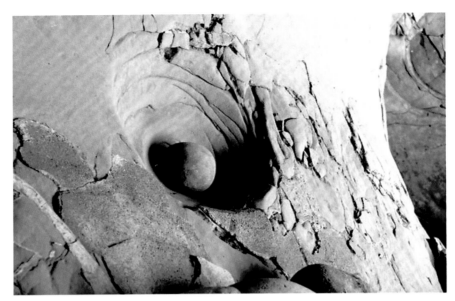

图 6-21　国外冰川公园见到的旋转球漂砾（据网络）

四、落地旋转球漂砾

如果冰洞内的冰川融水，长期不断地冲击冰层中的漂砾，在特定的环境背景下，就会形成磨圆度非常高的旋转球。当冰川消亡后，这种旋转球就会落在地面上，这种情景在北美洲的劳伦泰德冰原、欧亚大陆的斯堪的那维亚冰原、中国东部的海岛上（海拔 0 m）、青藏高原珠峰绒布寺冰川（据地震局地壳所李德文，那里海拔大约 6 000 m）、陕西周至县殿镇村（据西安地环所鲜锋提供资料，海拔千米以内）；在山东日照也挖出旋转球漂砾。

（一）劳伦泰德大冰原

劳伦泰德大冰原小退后地区所见到的圆球漂砾，见图 6-22 到图 6-24。

图 6-22　旋转球漂砾之一（据网络）

图 6-23　旋转球漂砾之二（据网络）

图 6-24　旋转球漂砾之三（据网络）

（二）斯堪的那维亚冰原

冠军岛应属于斯堪的那维亚冰原。冠军岛是法兰士约瑟夫地（Franz-Josef Land）群岛中的一个岛屿。法群岛属于俄罗斯，是往返北极途中最主要的可登陆地点，整个群岛位于 80°—82°N 之间，几乎都在冰川盖覆之下，而冠军岛正处于群岛的中间位置，其面积为 374 km²（144 平方英里），岛上最高点为 507 m（1 663 英尺），西南部有一片宽阔的非冰雪，岛上有许多圆球漂砾，图 6-25 是其中之一。

图 6-25　冠军岛上的圆球漂砾

（三）青藏高原

在加拿大境内的朱诺冰原北侧溢出冰川谷中见过圆球。据随队的老师说是冰水河流作用，没有细究（据傅平，网络）。又据李德文说"我对这种地貌形态的成因一直抱有浓厚的兴趣，猜测可能与受限环境剪切流内刚性颗粒的旋转有关，具体成因有待深入研究"。珠峰绒布寺冰川旋转球，见图 6-26。陕西周至县殿镇村旋转球，见图 6-27。

图 6-26　珠峰绒布寺冰川旋转球漂砾（据地震局地壳所李德文，那里海拔大约 6000 m）

图 6-27　陕西周至县殿镇村旋转球漂砾（据西安地环所鲜锋提供资料，海拔千米以内）

五、地面上的旋转柱

地面上见到的旋转柱可分为两种类型: 基岩型和漂砾型。旋转流的冲击, 除了形成旋转球以外, 还会形成旋转柱。如果冲击的是大型漂砾, 就会形成漂砾型旋转柱。

(一) 基岩型旋转柱

1. 台湾野柳

野柳地质公园(Yehliu Geopark), 位于台湾新北市万里区, 野柳是突出海面的岬角(大屯山系), 长约 1 700 m。由于古冰川活动和现代海蚀风化及地壳运动等的作用, 造就了冰臼、海蚀洞沟、蜂窝石、烛状石、豆腐石、蕈状岩、溶蚀盘等绵延罗列的奇特景观。其中最为典型的地貌就是带有 "旋转锥体" 型的冰臼, 见图 6-28 到图 6-30 为旋转柱。

图 6-28　台湾野柳基岩型旋转柱之一

图 6-29　台湾野柳基岩型旋转柱之二

图 6-30　基岩型旋转柱之三

2. 桂东县东山

桂东县，隶属于湖南省郴州市，位于湖南省东南部。

桂东县平均海拔 881 m，全县海拔超 1 500 m 的高山有 471 座，是湖南省平均海拔最高的县城。境内冰臼众多，为待开发的旅游区，见图 6-31 和图 6-32。

图 6-31　桂东县东山基岩型旋转柱之一（据网络）

图 6-32　桂东县东山基岩型旋转柱之二（据网络）

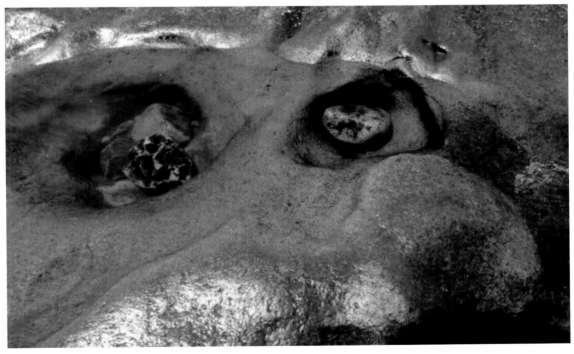

图 6-33　白云山基岩型旋转柱（据网络）

3. 江西赣州崇义县

崇义县位于江西省西南边陲，地处 25°24′—25°55′N、113°55′—114°38′E 之间。东与南康县接壤，南与大余县和广东省仁化县相交，西与湖南省汝城县、桂东县毗邻，北与上犹县交界。境内冰臼发育，见有冰臼形成过程中产生的旋转柱，见图 6-34。

图 6-34　赣州崇义县基岩型旋转柱（据网络）

图 6-35　白云山基岩型旋转柱（据网络）

4. 格陵兰

格陵兰岛上也有基岩型旋转柱，见图6-36。

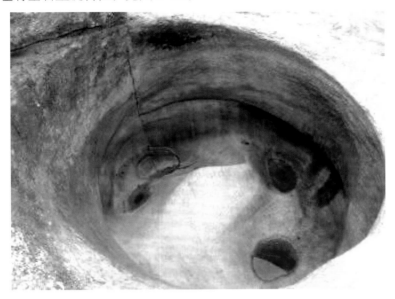

图6-36　格陵兰岛的基岩型旋转柱（据网络）

5. 其他基岩型旋转柱的冰臼

图6-37　五寨乡往漳浦基岩型旋转柱冰臼（据网络）

图 6-38　臼中基岩型旋转柱之一（据司圆学堂太平洋汽车网）

图 6-39　臼中基岩型旋转柱之二（据网络）

图 6-40　鹤山磨光面上的基岩型旋转柱

（二）漂砾型旋转柱

图 6-41　福安市穆阳镇近似漂砾型旋转柱（据网络）

图 6-42　珠峰绒布寺冰川漂砾型旋转柱

图 6-43　漂砾型旋转柱（见于波兰）

图 6-44　崂山倒了的漂砾型旋转柱

图 6-45　鹤山的漂砾型旋转柱

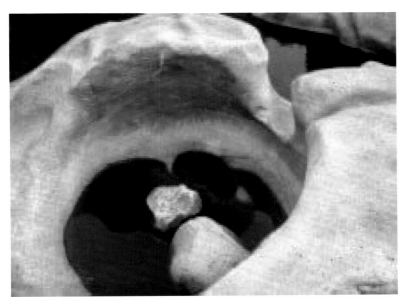

图 6-46　长乐三溪水库带有漂砾型旋转柱的冰臼（据网络）

表6-1　冰臼分类

冰期和间冰期	（基岩型）冰臼	带旋转锥	旋转流形成的微地貌
		不带旋转锥	
		带旋转球	
		基岩型旋转柱	
		漂砾型旋转柱	
		带旋转纹	
		充填部分碎石	
		带有盖石	
		沉积岩上冰臼	
	（半冰和半基岩型）半冰臼	带旋转锥	
		不带旋转锥	
		带旋转球	
	（冰型）冰臼	球形漂砾	
		半球形漂砾	
		柱形漂砾	
	其他类型微地貌	冰椅石	非旋转流形成的微地貌
		上凸型双向冰椅石	
		下凹型双向冰椅石	
		冰川融水侵蚀槽	
		多条平行冰川融水侵蚀槽	
		残存直上直下型冰川融水侵蚀槽	
		基岩面上的小河道	
		冰消期瀑布遗迹	
		融水侵蚀、冲蚀磨光面	
		多种类型象形石	

六、带有明显螺纹线的冰臼

　　世界上的冰臼非常之多，都出现在现代冰川和古代冰川发育地区，在它们的形成过程中，总是与冰川融水活动有关。它们的基本形态为圆形，要形成圆形微地貌的水体，必须为螺旋形的旋转流，在其形成的过程中就会在岩石上留下螺纹线，这些螺纹线记载了它们的形成过程，见图6-47到图6-50。

图 6-47　冰臼旋转流纹之一

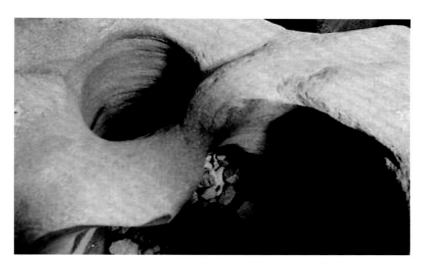

图 6-48　冰臼旋转流纹之二

图 6-49　冰臼旋转流纹之三（据网络）

图 6-50　冰臼旋转流纹之四（据网络）

七、臼底平坦的冰臼

该类冰臼形成以后，再无冰碛物充填臼中，从另一个侧面证明是干净冰川的冰消期所形成，见图 6-51、图 6-52。

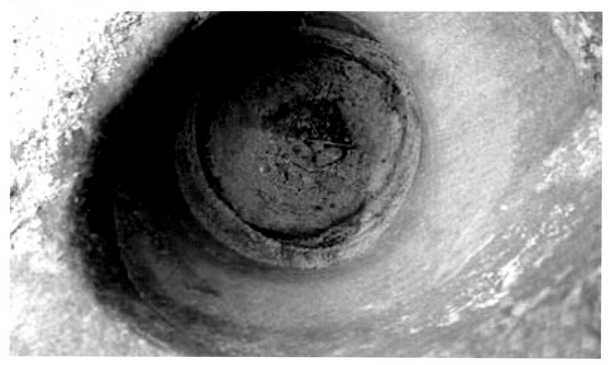

图 6-51　臼底裸露的庐山冰臼（据江西省九江市庐山山南青年旅行社发布于 2007 年 3 月 19 日）

图 6-52 崂山臼底裸露冰臼

八、崂山最大冰臼

在崂山那罗延窟西边，有一个广阔数亩的大石坡，石坡中有一洼，满贮池水，名天波池，明代黄宗昌《崂山志》中称天池。池中生长很多蒲草，旱天时，其他河水皆已干涸，唯此处有水。从地貌角度来看，天波池发育在丘顶上，为一大块基岩，天波池的周围有许多异地搬运而来的巨型漂砾。天波池位于 36°6.906′N、120°40.304′E；海拔 359 m，长轴 4.38 m，短轴 3.56 m，深约 1.2 m。位于山巅上的冰臼有如此规则的圆形臼口，应当是冰下洞穴中旋转流的长期侵蚀作用的结果，见图 6-53。崂山已经找到比较规则的冰臼有百余个，图 6-54 是其中比较好的代表。在山脊的高处保存着如此圆的冰臼，只能由旋转流长期冲刷而成，而不可能用河流活动来解释。

图 6-53 崂山天波池

图 6-54 崂山冰臼

九、南方典型冰臼

（一）海南岛

海南岛吊罗山国家森林公园最高海拔 1 499 m，差不多与泰山同高，在那里也有冰臼，见图 6-55、图 6-56 和图 6-57。

图 6-55 吊罗山冰臼（据网络）

图 6-56 海南岛冰臼（据网络）

图 6-57　海南岛冰臼与半冰臼

（二）广东省典型冰臼

　　广东省地处中国大陆南部。东邻福建，北接江西、湖南，西连广西，南临南海，珠江口东西两侧分别与香港、澳门特别行政区接壤，西南部雷州半岛隔琼州海峡与海南省相望。全境位于20°09′—25°31′N 和 109°45′—117°20′E 之间。就在位置如此低的纬度能形成和保存良好的冰臼与冰臼群，可得知冰期时期中国东部低海拔冰川的规模与范围，见图 6-58 到图 6-63。

图 6-58　广东新会冰臼之一（据网络）

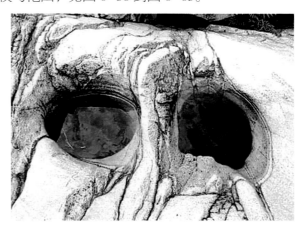

图 6-59　广东新会冰臼之二（据网络）

图 6-60　广东乳源冰臼之一（据网络）

图 6-61　广东乳源冰臼之二（据网络）

图 6-62　饶平县樟溪镇青岚溪谷冰臼之一（据网络）

图 6-63　饶平县樟溪镇青岚溪谷冰臼之二（据网络）

（三）广西壮族自治区

广西位于 20°54′—26°24′N、104°26′—112°04′E，北回归线横贯中部。接邻省份：广东、湖南、贵州、云南，并与海南隔海相望。在广西也发现了冰臼，见图 6-64。

图 6-64　广西猫儿山冰臼（据网络）

（四）福建省的典型冰臼

冰期时期深受古寒潮的侵袭，又受到从南海和黑潮带来水汽的影响，低温与水汽相结合，就形成了广为分布的低海拔型冰川。冰消期形成了多种类型冰臼，见图 6-65、图 6-66 和图 6-67。冰期时期位于南方福建的冰川比北方更为发育，消退也快。

图 6-65　福建冰臼之一

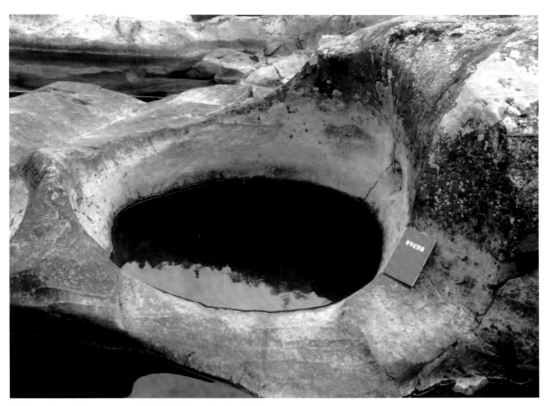

图 6-66　福建冰臼之二

图 6-67　福建冰臼之三

（五）重庆典型冰臼

重庆位于中国内地西南部、长江上游地区，地跨 28°10′—32°13′N、105°11′—110°11′E 之间的青藏高原与长江中下游平原的过渡地带。 地界渝东、渝东南临湖北和湖南，渝南接贵州，渝西、渝北连四川，渝东北与陕西和湖北相连，在此范围内，见有冰臼，图 6-68 到图 6-72。

图 6-68　万州罗田古镇冰臼之一（海拔 1 300 m，据网络）

图 6-69　万州罗田古镇冰臼之二（海拔 1 300 m，据网络）

图 6-70　万州罗田古镇冰臼之三（海拔 1 300 m，据网络）

图 6-71　万州罗田古镇冰臼之四（海拔 1 300 m，据网络）

图 6-72　万州罗田古镇半冰臼（海拔 1 300 m，据网络）

（六）湖南省典型冰臼

湖南省位于江南，属于长江中游地区，地处 24°38′—30°08′N、108°47′—114°15′E，北以滨湖平原与湖北接壤。省界极端位置，东为桂东县黄连坪，西至新晃侗族自治县韭菜塘，南起江华瑶族自治县姑婆山，北达石门县壶瓶山。东西宽 667 km，南北长 774 km。在此范围内，见有冰臼，图 6-73 和图 6-74。

图 6-73　湖南衡阳冰臼之一（据网络）

图 6-74　湖南衡阳冰臼之二（据网络）

（七）湖北省典型冰臼

　　湖北省位于中国中部偏南、长江中游，洞庭湖以北，故名湖北，简称"鄂"，省会武汉。湖北地处 29°05′—33°20′N、108°21′—116°07′E，东连安徽，南邻江西、湖南，西连重庆，西北与陕西为邻，北接河南。湖北东、西、北三面环山，中部为"鱼米之乡"的江汉平原。在此范围内，见有冰臼，如图 6-75。

图 6-75　湖北罗田冰臼（据网络）

（八）江西省典型冰臼

江西省简称赣，位于我国东南部、长江中下游交接处南岸，地处 24°29′—30°04′N、113°34′—118°28′E 之间，东邻浙江、福建，南连广东，西接湖南，北毗湖北、安徽，南北长约 620 km，东西宽约 490 km。在此范围内，见有众多冰臼，取其典型，见图 6-76 和图 6-77。

图 6-76　江西上犹燕子岩冰臼群（据网络）

图 6-77　安徽黄山冰臼群（据网络）

十、北方冰臼

（一）黑龙江省典型冰臼

镜泊湖位于黑龙江省宁安县西南百余里的崇山峻岭中，此湖在海拔 350 m 以上，是我国最大的高山堰塞湖。镜泊湖大峡谷发现了很多冰臼，见图 6-78 到图 6-80。

图 6-78　黑龙江镜泊湖冰臼之一（据网络）

图 6-79　黑龙江镜泊湖冰臼之二（据网络）

图 6-80　黑龙江镜泊湖冰臼之三（据网络）

（二）内蒙古典型冰臼

大青山位于我国北方，冰期时期气候寒冷，为北方寒潮南下的通道，容易形成冰川。冰消期也形成了多种类型的冰臼，见图 6-81、图 6-82 和图 6-83。

图 6-81　大青山冰臼之一

图 6-82　大青山冰臼之二

图 6-83　大青山冰臼之三

（三）河北省典型冰臼

河北省环抱首都北京，地处 36°05′—42°40′N、113°27′—119°50′E 之间。省内见有典型冰臼，如图 6-84 和图 6-85。

图 6-84　河北丰宁县冰臼之一（www.caoyuancheng.cn）

图 6-85　河北丰宁县冰臼之二（据网络）

（四）辽宁省典型冰臼

境内山脉分别列东西两侧。东部山脉是长白山支脉哈达岭和龙岗山的延续部分，由南北两列平行山地组成，海拔在 500～800 m，最高山峰海拔 1 300 m，为省内最高点。省内见有冰臼，见图 6-86 到图 6-90。

图 6-86　建平县冰臼之一（据网络）

图 6-87　建平县冰臼之二（据网络）

图 6-88　建平县冰臼之三（据网络）

（五）吉林邵阳城步冰臼

图 6-89　吉林邵阳城步冰臼（据网络）

（六）陕西华山冰臼

图 6-90　陕西华山冰臼（据网络）

汉中市位于陕西省西南部，北依秦岭，南屏巴山，汉江横贯东西。汉中冰臼见图 6-91。

图 6-91　陕西汉中冰臼（据网络）

十一、东部典型冰臼

（一）山东省典型冰臼

1. 大泽山冰臼

大泽山北靠艾山、牙山低山丘陵，东为莱阳丘陵盆地，西、南为胶莱平原。燕山期玲珑花岗岩大面积分布。大泽山主峰海拔736 m，近南北向展布。海拔600 m以上的山峰尚有大姑顶、双项、磨椎山、葫芦岩等，山麓线约海拔160 m。周围丘陵环绕，宽谷缓丘，地势一般在海拔200～300 m。大泽山的古冰川遗迹主要有：大泽山景区内见有非常典型的冰臼和劈石，它们都能证明大泽山确实发生过古冰川活动。山东的大泽山景区保存有非常圆的冰臼，只有具备旋转流的冰川融水，才能留下如此圆的微地貌，见图6-92。

图6-92　大泽山景区巨型漂砾上发育的冰臼

2. 峄山冰臼

山东的峄山也有圆形冰臼，见图6-93和图6-94。

图6-93　峄山冰臼之一

图6-94　峄山冰臼之二

3. 崂山

图 6-95　崂山漂砾上冰臼之一

图 6-96　崂山漂砾上冰臼之二

（二）浙江省典型冰臼

庆元河谷冰臼群，是火山岩分布区发现的最大规模的第四纪冰川遗迹，见图6-97、图6-98。

图 6-97　浙江庆元冰臼之一（据网络）

图 6-98　浙江庆元冰臼之二（据网络）

（三）江苏孔望山冰臼

图 6-99　孔望山冰臼

十二、西部冰臼

（一）新疆典型冰臼

新疆位于 34°25′—48°10′N、73°40′—96°18′E 之间。区域内也见到冰臼的分布，见图 6-100、图 6-101、图 6-102。

图 6-100　阿勒泰冰臼（据网络）

图 6-101　克孜里塔司山的冰臼（据网络）

图 6-102　新疆冰臼群（据网络）

（二）青海典型冰臼

青海位于中国西部，介于 31°9′—39°19′N、89°35′—103°04′E 之间。因境内有国内最大的内陆咸水湖——青海湖而得名，简称青。青海是长江、黄河、澜沧江的发源地，故被称为"江河源头"，境内见有冰臼，见图 6-103 和图 6-104。

图 6-103　青海干河沟冰臼之一（据网络）

图 6-104　青海干河沟冰臼之二（据网络）

（三）西藏珠峰绒布寺冰川旋转球

见图 6-26。

（四）甘肃白龙江

白龙江是长江支流嘉陵江的支流，发源于甘肃省甘南藏族自治州碌曲县与四川若尔盖县交界的郎木寺，流经甘南藏族自治州的迭部县、舟曲县、陇南市的宕昌县、武都区、文县，在四川广元市境内汇入嘉陵江。河道全长 576 km，流域面积 $3.18×10^4 km^2$。

图 6-105　白龙江冰臼（据网络）

（五）宁夏贺兰山滚钟口冰臼

滚钟口位于宁夏回族自治区贺兰山中端东麓，距离银川市区约 33 km。因其三面环山，山口向东形状似大钟，而在景区中央又有小山一座，似钟铃，故名滚钟口。

图 6-106　贺兰山滚钟口冰臼（据网络）

十三、西南省份的冰臼

（一）云南省

从纬度看，云南位置只相当于从雷州半岛到闽、赣、湘、黔一带的地理纬度。北回归线穿过省境南部。该省的东面是广西壮族自治区和贵州省，北面是四川省，西北面是西藏自治区。境内也见有冰臼，见图 6-107。

图 6-107　陆良大叠水冰臼

（二）贵州省

贵州省，简称"黔"或"贵"，地处中国西南腹地，与重庆、四川、湖南、云南、广西接壤，是西南交通枢纽。贵州也有冰臼，见图6-108和图6-109。

图6-108　贵州冰臼之一

图6-109　贵州冰臼之二

（三）四川省

四川省介于26°03′—34°19′N、97°21′—108°33′E之间，位于中国西南腹地，东邻重庆，北连青海、甘肃、陕西，南接云南、贵州，西衔西藏。省内也见有冰臼，图6-110。

图 6-110　四川冰臼（据网络）

十四、带出水口的冰臼

有些冰臼带有明显的出水口。由于冰臼是在旋转流的作用下形成的，一般均为圆形；如果冰臼在形成过程中出现出水口，表明能量分散，不再形成圆形，而出现"蝌蚪"形冰臼，见图 6-111、图 6-112、图 6-113。

图 6-111　招虎山带出水口的冰臼

图 6-112　圣经山带出水口的冰臼

图 6-113　福建带出水口的冰臼

图 6-114　浮山带出水口的冰臼

十五、侧碛漂砾上的冰臼

三瓣石冰川东侧碛漂砾上的冰臼，见图 6-115。该冰臼的形成与河流活动、泥石流活动均无关系。

图 6-115　侧碛漂砾上的冰臼

十六、冰椅石上的冰臼

最初形成冰椅石，而后又形成了冰臼，这种原因形成的冰臼，多为不对称型，即冰椅石周围的厚度不一，冰臼周边的高度也各不相同，见图 6-116 到图 6-118。

图 6-116　崂山冰椅石上形成的冰臼

图 6-117　福建冰椅石上形成的冰臼

图 6-118　大别山冰椅石上形成的冰臼

十七、崂山低海拔型海岸附近的冰臼

该类型的冰臼形成时，海岸线还在冲绳海槽一带，在距今 6000 年时，海水到达崂山现今的海岸附近，自那时起，该冰臼就成为崂山低海拔型海岸附近的冰臼了，见图 6-119。

图 6-119　黄海岸附近漂砾上的冰臼

十八、椭圆形冰臼

这是非常特殊的情况，因形成圆形冰臼的水柱发生位移所致，见图 6-120 和图 6-121。

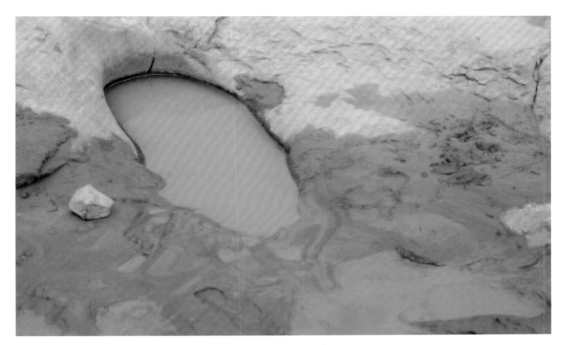

图 6-120　壶口椭圆形冰臼之一

图 6-121　壶口椭圆形冰臼之二

十九、形状不规则冰臼

经过多次冰川作用的冰臼，往往是边缘破碎，圆度缺失，见图6-122、图6-123和图6-124。

图6-122　崂山不规则冰臼

图6-123　大青山不规则冰臼之一

图 6-124　大青山不规则冰臼之二

二十、丘顶冰臼

据调查，许多山地和丘陵的高处，保存着冰臼，它们的形成与当地的河流活动毫无关系，见图 6-125 到图 6-127。

（一）崂山山顶上的冰臼

图 6-125　崂山山顶上的冰臼

（二）乳山山顶上的圆形冰臼

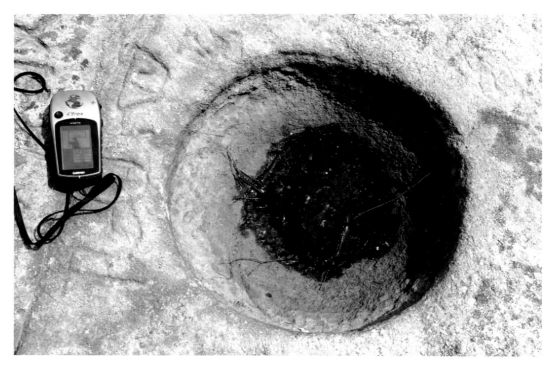

图 6-126　乳山山顶上的圆形冰臼

（三）招虎山上的圆形冰臼

图 6-127　招虎山的圆形冰臼

二十一、黄河壶口冰臼群

冰臼在旋转流作用下多为圆形，见图6-128、图6-129、图6-130。

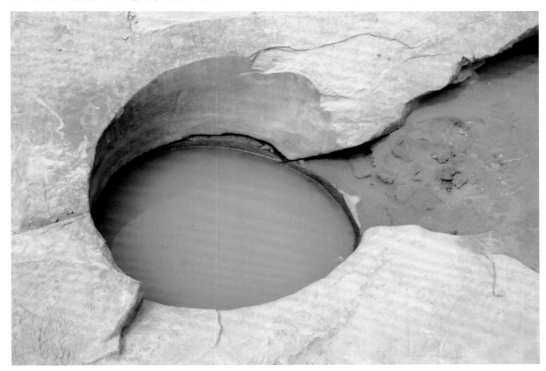

图6-128　壶口冰臼之一

图6-129　壶口冰臼之二

图 6-130　壶口冰臼之三

一、河南云台山和辽宁海洋岛的半冰臼

半冰臼的形成比较特殊，它会发生在山体的边缘、沟边、陡崖旁。在形成过程中，一边为基岩，另一边为冰层，在旋转流的推动下逐渐形成深洞。当冰川消亡后，基岩尚存，冰体消失，就出现了半冰臼，见图7-1和图7-2。

图7-1　河南省云台山峡谷中的半冰臼之一

图7-2　河南省云台山峡谷中的半冰臼之二

辽宁海洋岛的海岸上也有半冰臼，见图7-3。

图7-3　辽宁海洋岛上的半冰臼

二、带有旋转锥的半冰臼

半冰臼的形成与冰臼同样，都是旋转流所塑造，其底部带有旋转锥。当冰川消退后，冰体的那部分消失了，而岩石部分尚存，见图7-4到图7-7。

图7-4　新疆阿勒泰带有旋转锥的半冰臼

图 7-5　重庆带有旋转锥的半冰臼

图 7-6　带有锥形小丘的半冰臼

图 7-7　福安九龙洞带有旋转锥的半冰臼

三、福建北部的半冰臼

福建北部不但有发育良好的冰臼群，也有半冰臼，见图 7-8 到图 7-10，图 7-11 为海南岛的巨型半冰臼。

图 7-8　福建半冰臼之一

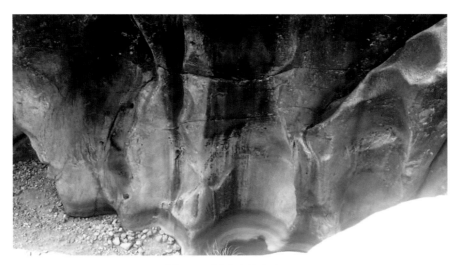

图 7-9　福建半冰臼之二

图 7-10　福建半冰臼之三（据网络）

图 7-11　类似的半冰臼在海南岛被发现

图 7-12　挂云山半冰臼

四、大别山的半冰臼

大别山山地主要部分海拔 1 500 m 左右，最高峰白马尖海拔 1 777 m。为淮河和长江的分水岭。次主峰多云尖（海拔 1 763 m），位于安徽省霍山县境内。大别山古冰川遗迹非常发育，缺少系统研究，我们进入山谷，就可以找到许多冰臼和半冰臼，见图 7-13 到图 7-16。

图 7-13　大别山半冰臼之一

图 7-14　大别山半冰臼之二

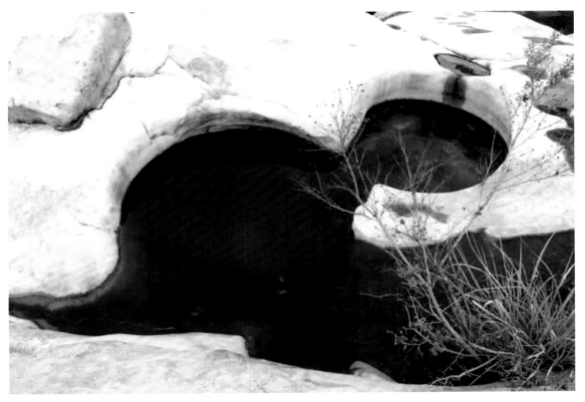

图 7-15　大别山半冰臼之三

图 7-16　大别山半冰臼之四

五、汉中半冰臼

　　汉中市位于陕西省西南部，北依秦岭，南屏巴山，汉江横贯东西。西南与甘肃、四川毗邻，东北与本省的安康、西安、宝鸡接壤。当地的半冰臼甚多，见图 7-17 到图 7-19；图 7-20 为湖北罗田半冰臼；图 7-21 为赣州崇义县半冰臼；图 7-22 为桂东县半冰臼。

图 7-17　汉中半冰臼之一

图 7-18　汉中半冰臼之二

图 7-19　汉中半冰臼之三

图 7-20　湖北罗田半冰臼

图 7-21　赣州崇义县半冰臼

图 7-22　桂东县半冰臼

六、黄河壶口半冰臼

冰期时期黄河壶口一带，被山谷冰川所占据。后来，冰川消退，大部分冰碛物被冲到黄河下游。目前仍可见到残存的冰川堆积，见图 7-23 和图 7-24。进入冰消期，除形成冰臼以外，还留下一些半冰臼，见图 7-25、图 7-26 和图 7-27。

图 7-23　黄河壶口附近的冰碛剖面之一

图 7-24　黄河壶口附近的冰碛剖面之二

图 7-25　壶口半冰臼之一

图 7-26　壶口半冰臼之二

图 7-27　壶口半冰臼之三

表 7-1　冰臼分布

序列	发现冰臼省市	典型地区	代表图号
1	北京	延庆县白龙潭	图 6-5
2	黑龙江	黑龙江镜泊湖	图 6-78
3	吉林	吉林邵阳城步	图 6-89
4	辽宁	建平县	图 6-86
5	内蒙古	大青山	图 6-81
6	河北	河北丰宁县	图 6-84
7	山西	壶口	图 6-128
8	陕西	陕西华山	图 6-90
9	宁夏	贺兰山滚钟口	图 6-106
10	山东	崂山天波池	图 6-53
11	江苏	孔望山	图 6-99
12	安徽	黄山	图 6-77
13	河南	淇河	图 6-8
14	浙江	庆元	图 6-97
15	福建	白云山	图 6-65
16	江西	上犹燕子岩	图 6-76
17	湖南	湖南衡阳	图 6-73
18	湖北	湖北罗田	图 6-75
19	广东	广东新会	图 6-58
20	广西	广西猫儿山	图 6-64
21	台湾	台湾野柳	图 6-29
22	海南	吊罗山	图 6-55
23	云南	陆良大叠水	图 6-107
24	贵州	平塘白骨沟	图 6-108
25	四川	江安	图 6-110
26	重庆	万州罗田古镇	图 6-68
27	新疆	阿勒泰	图 6-100
28	西藏	绒布寺冰川	图 6-26
29	甘肃	白龙河	图 6-105
30	青海	青海干河沟	图 6-103
31	天津	尚未发现	
32	上海	不能形成	

第八章
非旋转流形成的冰椅石

一、中国最大的冰椅石

如果说冰臼和半冰臼是在比较特殊的条件下，也就是说是在冰洞的底部，出现自上而下的旋转流才能形成冰臼。而形成冰椅石、冰川融水侵蚀槽、象形石等环境条件，则是更为广泛、更为普遍存在的形成条件。因为更多的冰川融水，不具备形成旋转流的条件，就直接冲击漂砾面、基岩面、山坡面而逐渐形成上述多种微地貌类型。也就是说，当冰川剖面上的融水下冲时，如冲击到基岩或漂砾时就会对岩面或漂砾面产生冲击、磨损、磨光作用，形成多种类型的冰椅石形地貌（因它们的平面形态类似椅子而得名）。冰椅石的形态主要是流水冲击作用所形成，它与地层层面、节理面、解理面均无关系。在崂山志中已有关于椅子石的记载，有些石头的外貌特征确实好似椅子而得名。有的冰椅石又被古冰川搬运到古冰舌堆积的前缘，过去为陆上的冰椅石，后经全新世海侵将其淹没，形成海中冰椅石；有些冰椅石又被漂砾覆盖起来，也有的冰椅石上还能再现冰臼；随着冰川的缓慢运动还会形成多起伏的波状冰椅石等。海南岛有目前发现的最大的冰椅石，见图8-1、图8-2和图8-3。另外，在福建厦门也有保存最好、规模大的冰椅石，再次证明台湾、浙江、福建、广东、湖南、江西等地，确实存在低海拔古冰川遗迹。厦门的冰椅石见图8-4。

图 8-1　海南岛巨型冰椅石之一

图 8-2　海南岛巨型冰椅石之二

图 8-3　海南岛巨型冰椅石之三

图 8-4　厦门的冰椅石

二、崂山冰椅石

据《崂山志》记载：崂山有椅子石在聚仙富东北。巨石作椅形，上镑"青龙魔镇水石"六字。可见，崂山的先民们已经注意到椅子石，并给了形象描述。崂山冰椅石是多种多样、只能选取最常见的载于书中，它是崂山冰消期地貌的类型之一，见图 8-5 到图 8-9。

图 8-5　崂山花岗岩上形成的冰椅石

图 8-6　崂山巨型冰椅石

图 8-7　崂山特大冰椅石

图 8-8　崂山河道中的冰椅石

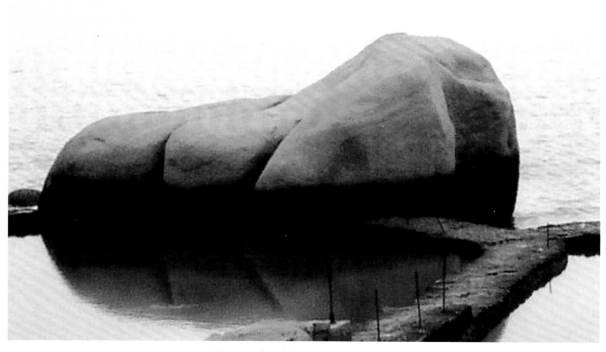

图 8-9　崂山东侧浸于海中的冰椅石

三、多级冰椅石

有的巨型漂砾上，见有多级冰椅石连在一起，呈波状冰椅石，见图 8-10 和图 8-11。多级冰椅石的形成与冰川剖面位置稳定的变动有关。有的冰椅石呈多级长条状，见图 8-12 和图 8-13。

图 8-10　漂砾上的多级冰椅石之一

图 8-11　漂砾上的多级冰椅石之二

图 8-12　多级冰椅石上的冰臼

图 8-13　呈多级长条状冰椅石

四、双向冰椅石与翻倒的冰椅石

有的冰椅石显示为双向，表明受两面或者三面水源的冲蚀而形成，见图8-14到图8-15。

图 8-14　双向冰椅石之一

图 8-15　双向冰椅石之二

图 8-16　双向冰椅石之三

翻倒的冰椅石，有些山区的冰椅石，形成后又被冰川推倒，见图 8-17 和图 8-18。

图 8-17　崂山翻倒的冰椅石

图 8-18　峄山翻转个的冰椅石

五、鹤山、小株山、崂山双向冰椅石

鹤山、小株山、崂山双向冰椅石，见图8-19、图8-20和图8-21。

图8-19　鹤山双向冰椅石

图8-20　小株山双向冰椅石

图8-21　崂山双向冰椅石

六、蒙山和大围山冰椅石

蒙山古冰川遗迹，类型多样，随处可见。蒙山在第四纪期间曾被古冰川覆盖，进入冰消期也留下许多冰消期遗迹。漫长的古冰川舌堆积、宽阔的粒雪盆、初期形成的冰臼、典型的冰椅石、巨型漂砾群等等。图 8-22 为蒙山典型冰椅石；图 8-23 为冰臼与冰椅石组合。湖南大围山的冰椅石，见图 8-24。

图 8-22　蒙山典型冰椅石

图 8-23　冰臼与冰椅石组合

图 8-24　湖南大围山的冰椅石

七、五莲山的冰椅石

实际上它就是一块冰碛物，它的断面形态类似靴子，所以又称靴子石，见图 8-25、图 8-26。类似靴子的靴子石在海南岛被发现，见图 8-27。

图 8-25　五莲山长长的古冰川舌堆积垄岗

图 8-26　五莲县五莲山古冰川舌堆积垄岗上的冰椅石

图 8-27　海南岛天涯海角冰椅石

八、天柱山双向冰椅石

天柱山有非常奇特的双向冰椅石，见图 8-28 到图 8-31。

图 8-28　天柱山双向冰椅石之一

图 8-29　天柱山双向冰椅石之二

图 8-30　天柱山双向冰椅石之三

图 8-31　天柱山双向冰椅石之四

九、沂山山巅的冰椅石和峄山、九龙池冰椅石

　　沂山旧称东泰山，别名东镇，是沂蒙山主脉，林地面积 1 587.6 hm²，覆盖率为 73.7%，1992年被确定为国家级森林公园。中国之山，有五岳之分，又有五镇之别。泰山为东岳，沂山为东镇。古称一方的主山为镇，"每州之名山殊大者，以为其州之镇"。位于临朐县南部的沂山，既有海拔 1 031.7 m 的高度，又跨越南北 50 多千米，东西 20 多千米，覆压数百平方千米。环绕在主峰玉皇顶的周围，屹立着 29 座不同姿态的奇峰，便为鲁中一地之镇了（据网络）。经考察，沂山的冰椅石也非常特殊，如同山巅座椅，见图 8-32；还有其他冰椅石，见图 8-33 和图 8-34、图 8-35。

图 8-32　沂山冰椅石之一

图 8-33　沂山冰椅石之二

图 8-34 峄山冰椅石

图 8-35 九龙池冰椅石

十、冰消期地貌集合体

集古冰川磨光面、冰消期冲蚀面、冰臼、半冰臼、大漂砾、碎漂砾、双向冰椅石、古瀑布冲蚀面、单向冰椅石、冰川融水侵蚀槽、小冰湖等微地貌于一体，见图8-36。

图8-36　冰消期地貌集合体

十一、福建冰椅石

福建位于我国南方，水分条件充足。冰期时期在北方冷空气的影响之下，年平均气温低于0℃，有利于冰川的形成与发育，所以我国南方的冰川规模要盛于北方，进入冰消期的融冰量也要大于北方，所以福建的冰臼和冰椅石都要比北方盛，见图8-37到图8-39。

图8-37　冰椅石上的冰臼

图 8-38　谷坡上的冰椅石

图 8-39　谷坡上的冰椅石群

十二、峄山瀑布型冰椅石

峄山瀑布型冰椅石，见图 8-40 到图 8-42。

图 8-40　峄山瀑布型冰椅石之一

图 8-41　峄山瀑布型冰椅石之二

图 8-42　峄山瀑布型冰椅石之三

一、冰川融水侵蚀槽

当全球气候进入冰消期以后，是全球洪水暴发期，自然要形成与冰消期相适应的地貌类型。冰融水水流形成的流痕槽是一种最为常见的冰川融水地貌，也称为冰川融水侵蚀槽。当冰期后期，也就是说进入冰消期以后，巨厚的冰层处于逐渐融化阶段，又由于冰川的厚度大，就成为山地上的冰山（也是陆地上的冰山）。它们沿着冰裂缝、冰坡，形成自上而下的融水流，到达巨型漂砾上或者基岩面上，就产生冲击力，形成冲蚀槽；进入槽内的融水继续向低处流动，久而久之就在漂砾或者基岩面上形成了今日所见的冰水流痕槽（冰川融水侵蚀槽）。如果冰川前进速度与消融速度一致，就会形成稳定的融水流，也容易形成冰川融水侵蚀槽，见图9-1到图9-5。

（一）峄山冰水流痕槽

图9-1　峄山磨光面上的冰川融水侵蚀槽

（二）崂山冰川融水侵蚀槽

图 9-2　崂山一丘顶上冰川融水侵蚀槽之一

图 9-3　崂山一丘顶上冰川融水侵蚀槽之二

（三）圣经山冰川融水侵蚀槽

图 9-4　圣经山丘顶上冰川融水侵蚀槽

（四）天柱山冰川融水侵蚀槽

图 9-5　天柱山冰川融水侵蚀槽

二、冰下河床型冰川融水侵蚀槽

　　峄山保存着我国罕见的冰下河床型冰川融水侵蚀槽，在国内为首次发现。该冰下河床型冰川融水侵蚀槽的存在，表明古冰川活动期的融水量非常丰富，同时也证明了古冰川的存在。长期稳定的水源补给是其形成的必要条件，见图9-6。基岩面上出现如此特征的微型河床，是不可多得的、非常罕见的、应重点保护的"河道化石"。在现今的地理环境下，仅依靠当地的降水，要形成带有弯曲的河道、并还要下切基岩是不可能的事。该"河道化石"的存在，进一步证明了当地存在过古冰川活动。图9-7为半圆弧型冰川融水侵蚀槽。

图9-6　河床型冰川融水侵蚀槽

图9-7　半圆弧型冰川融水侵蚀槽

三、从天而降型冰川融水侵蚀槽

从天而降型冰川融水侵蚀槽的存在，表明当地曾被百米以上的冰川所覆盖，稳定的冰川融水，在巨型漂砾上形成侵蚀槽，在冰川消退以后，就留下该槽，直到现在，见图9-8到图9-12。

图 9-8　崂山从天而降型冰川融水侵蚀槽

图 9-9　招虎山从天而降型冰川融水侵蚀槽

图 9-10　天柱山从天而降型冰川融水侵蚀槽之一

图 9-11　天柱山从天而降型冰川融水侵蚀槽之二

图 9-12 石钟山从天而降型冰川融水侵蚀槽

四、多条平行分布冰川融水侵蚀槽

从我国的北方到南方，许多山地都有多条平行分布冰川融水侵蚀槽，表明在冰期时期曾有冰川陡崖面，成为稳定的冰川融水供给源，在冰川消融后，就留下多条平行分布冰川融水侵蚀槽景观，见图 9-13 ～图 9-15。

图 9-13 天柱山平行分布冰川融水侵蚀槽之一

图 9-14　天柱山平行分布冰川融水侵蚀槽之二

图 9-15　福建平行分布冰川融水侵蚀槽

五、斜坡上多条冰川融水侵蚀槽

我国幅员辽阔，许多山地还无人问津，我们只是在天柱山、蒙山走一趟，就发现那里的斜坡上多条冰川融水侵蚀槽，见图 9-16、图 9-17 和图 9-18。

图 9-16　天柱山斜坡上多条冰川融水侵蚀槽之一

图 9-17　天柱山斜坡上多条冰川融水侵蚀槽之二

图 9-18　蒙山斜坡上多条冰川融水侵蚀槽

六、深度发育的冰川融水侵蚀槽

据目前所知，在古冰川的重压之下，冰川底部的冰会出现融化现象。这是因为冰的厚度加大以后，会使冰层底部冰的融点降低，在冰层底部会出现融水。新出现的融水，非常容易进入下伏基岩的裂缝、节理或孔隙中，水体因压力降低而再次冻结。所以冰川底层出现的融水，往往沿某一特定部位运行，久而久之就形成了深度发育的冰川融水侵蚀槽。该槽的发现也能证明当地发生过古冰川活动。深度发育的流痕槽的形成条件有二：其一为厚层冰川的压力之下，多数漂砾面为平行地面；其二为经过水体的长期冲蚀，漂砾的表面都非常光滑，有的漂砾面上还形成冰臼，见图 9-19 到图 9-23。

图 9-19　深度发育的冰川融水侵蚀槽之一

图 9-20　深度发育的冰川融水侵蚀槽之二

图 9-21　深度发育的冰川融水侵蚀槽之三

图 9-22　深度发育的冰川融水侵蚀槽之四

图 9-23　深度发育的冰川融水侵蚀槽之五

七、象形石

　　崂山的先民早就发现崂山有许多奇石、怪石，有的像动物、有的像水果、有的像一些几何图形。图 9-24 为崂山的拳形石；图 9-25 为崂山山巅上的海螺石；图 9-26 为崂山上的"窝头石"；图 9-29 为崂山的桃形石。它们的形成都与古冰川融水的冲刷与旋转型冲击作用有关。崂山与古冰川活动有关的象形石地貌，可分为两大类：其一为古冰川融水的冲刷与冲击作用而形成的多种象形石地貌，简称象形石；其二为古冰川拖动作用而形成的象形地貌，如：自然碑、独立的石柱、石门、悬石、洞穴等。由此可以看出，象形石主要发生在冰消期。在现在的气候条件下，是很难形成象形石。根据近几年的调查，本书作者认为：崂山的象形石与冰消期古冰川融水的冲蚀活动密切相关。图 9-30 为蒙山桃形石。

图 9-24　崂山拳形石

图 9-25　崂山山巅上的海螺石

图 9-26　崂山窝头石

图 9-27　崂山球形漂砾

图 9-28　崂山半球形漂砾

图 9-29　崂山的桃形石

图 9-30　蒙山桃形石

一、低海拔冰川形成原因分析

当全球气候进入冰期时代以后，随着欧洲斯堪的纳维亚冰原的形成与扩展，从英伦三岛，经过斯堪的纳维亚半岛，逐渐越过乌拉尔山进入西西伯利亚平原低地，继续向东占据着中西伯利亚高原，最后到达勒拿河谷地以西的地带，相当于 120°E 的位置（大体上和北京处于同一经度）；其北面为北冰洋海冰分布区，其南面到达 50°—60°N 一带，许多研究者估算该冰原的厚度，西部达 3 000 m，东部逐渐降为 500 m，总面积接近 $700 \times 10^4 \, km^2$。

冰期气候导致欧亚大陆北部如此规模大陆冰川的形成，而它的形成又会进一步改变入侵中国的寒潮南下路径。当欧亚大陆上的斯堪的纳维亚冰原形成时，也就是欧亚大陆北部出现统一的大陆冰川时，它好比为一条东西向的、近万千米长的冰山、也是连绵不断的高山。它的出现，势必会阻挡着来自新地岛以北的北冰洋气流南下；迫使位于高纬度的、低海拔的、干冷的、压力逐渐增大的北冰洋气流，只能绕道从勒拿河谷地及其以东的地区南下，并有可能与古极地东风带配合，经中国东北地区、朝鲜半岛，进入中国东部沿海低山丘陵地区，直到南方一带，给中国带来异常低的低温，导致中国东部低山丘陵区古冰川环境的形成。值得注意的是，东路、东北路寒潮的加强与南下，使黄、东海陆架地区成为全球同纬度最冷的地区，也给中国东部低山丘陵区带来异常的低温，形成入侵型的低温环境。冷气流的南下与青藏高原的雪线高度并无关系，见图 10-1。

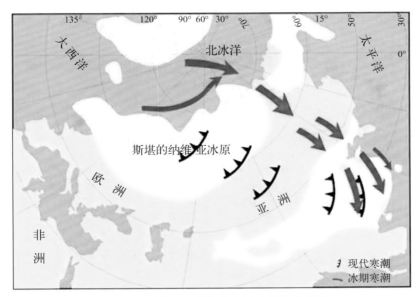

图 10-1 冰期／间冰期寒潮源地转换示意图

通过上述分析，不难看出：当冰期来临时，现代的寒潮源地将被巨厚的古冰川所占据，使冰期时的寒潮源地逐渐东移。达到冰期最盛时期时，进入中国东部低山丘陵区的寒潮，被压缩在以东路、东北路为主的通道上；而当间冰期来临时，随着冰盖的依次消亡，而恢复成今日以西路、西北路寒潮为主的势态。由此可以看出，随着更新世冰期／间冰期气候的交替出现，寒潮源地也会发生自西而东和自东而西的变化。毫无疑问，两者相互转化，共同影响和支配着我国东部低山丘陵区的气候变化，也是中国东部低山丘陵区曾出现过多次古冰川活动的原因。我国是世界上面积最大的几个国家之一，又是受寒潮入侵影响最明显的国家之一。更新世期间的古冰川活动曾多次在我中华大地上活动，留下了丰富的、大量的、不可再生的遗迹，记录了全球气候变化的多种信息，推演出多条中华古人迁徙路径。令人感到十分遗憾的是，时至今日，我们对这些"信息"知之甚少，这是不争的事实。

大家还记得：国外的石油地质学家曾宣布中国是贫油国家，而以李四光为代表的中国地质学家，提出了陆相成油理论，改变了过去的偏见。无独有偶，类似的偏见，竟在古冰川的研究中又再度出现了。

在 20 世纪的 30 年代国外一些研究者，仅根据少量调查，认为中国不存在第四纪古冰川遗迹，而李四光在庐山开展了深入研究，完成了冰期之庐山一书初稿，肯定了低海拔型古冰川活动遗迹的存在；扭转了中国不存在古冰川遗迹这一错误论调。

从现实情况来看，对自己的"家底"都不清楚，如何进行保护、探索、研究与开发，人类的认识与发现是永无止境的。现在我们的条件比李四光考察庐山时要好得多，许多公路已修到山巅，过去无人问津之地，现在已被开发，所以我们应当去完成李老先生的未尽事业，把他开创的事业发扬光大。

冰期代表冷气候期，间冰期代表暖气候期，古气候这种交替变换，在我中华大地上，应当留下深刻的烙印，也确实存在大量低海拔型古冰川活动遗迹。经过半个多世纪的努力，已经发现了部分古冰川活动遗迹，还有更多遗迹尚未被找到。我们人类正是在与冰川环境和非冰川环境的交替变化中，得以进化、繁衍，而演变至今。冰期气候的出现对古人类的生存环境、生物进化、发展等均产生重要影响；进入间冰期以后，全球气候又向相反方向转变。不言而喻，古冰川遗迹的研究，对于探索古气候变化的过程、古环境演变的特征、全球变化和人类起源等具有极高的科学价值和学术价值，也是全国各地的一种旅游资源。由古冰川遗迹形成的旅游资源如果能得到开发，将会给我国众多地区带来无法估量的经济效益。可见，低海拔型古冰川遗迹的研究是何等重要。其重要性与紧迫性是显而易见的。

二、关于"泥石流"说

冰期时期，全球气候变冷、温度降低、固态降雪量大于液体降水量，全球性冰川扩展，在这

样的环境背景下，为什么庐山地区会出现那么多所谓泥石流堆积？即使在现代气候条件下，庐山也不是泥石流的高发地区。由于广为分布的、松散的冰碛物，在雨水多的年份，在个别地区会发生冰碛物的再搬运，也是偶尔发生的环境灾害。一般来说，泥石流的形成在地形上具备山高沟深，地形陡峻，沟床纵度降大，流城形状便于水流汇集。在地貌上，泥石流的地貌一般可分为形成区（也就是源区）、通道区和堆积区三部分。图10-2为典型的泥石流灾害图，三个不同的地域非常明显（据网络）。

图 10-2　典型的泥石流活动（据网络图）

泥石流的源区，可以是自然风化的坡积堆积，也可以是原来的冰川堆积区、古河流阶地、陡坡上的土层等；它的通道区往往是比较陡的山坡或者是非常陡的山谷、河道，陡的地形有利于被搬运物质的快速输送；末端堆积成扇形，但堆积物质应当是来自当地。如果源区是冰川沉积、古河流阶地，则可以有远处的物质混入其中（属于上述物质的再搬运）。

经实际调查，庐山被李四光确定的冰碛物分布很广，坡度平缓，冰碛丘陵比比皆是。要形成如此规模的所谓泥石流堆积，它的源区在哪里？源区的物质来源是什么？它的运行与搬运的通道在哪里？地形坡度在哪里？要多少降水才能搬运如此规模的泥石流？图10-3和图10-4是从庐山考察获得的图片资料，足以证明，用错误的泥石流说无法解释庐山的地质环境的演变过程。以庐山东门外的地质剖面为例，只能证明李四光的结论正确，见图10-5到图10-7。

图 10-3　庐山冰碛剖面之一

图 10-4　庐山冰碛剖面之二

图 10-5　庐山东门外三层古冰川遗迹

图 10-6　庐山东门古冰川遗迹之一

图 10-7　庐山东门古冰川遗迹之二

三、雪线高度问题研究

　　冰期时期中国的雪线高度，受两种不同机制的控制：其一为自然梯度型（如青藏高原）；其二为异地入侵型（如东部低山丘陵区）。前者主要指山地环境对温度的影响，即空气的温度随高度上升而降低，每升高 100 m，气温下降约 0.7℃；而山区的地表温度的垂直梯度比气温梯度要小，每上升 100 m，温度下降一般不多于 0.6℃。青藏高原一带的雪线高度，基本上受海拔高度的控制，也称自然梯度型。而中国东部低山丘陵区，主要受异地入侵型低温的影响。冰期时期寒潮的频繁活动，把异地的低温环境，从高纬度输送到低纬度。在把低温带来的同时，也就带来了低雪线。我国东部的雪线高度，主要受冷空气入侵的制约（海拔的影响占次要地位）。也就是说，冰期时期形成寒潮的冷源环境明显地扩展。冷源面积的扩展，使中国东部低山丘陵也变为冷源控制区，使那里的雪线高度大幅度降低。据目前所知，更新世初期山东半岛一带的雪线高度在今日海拔百米以内。

　　两地环境背景不同，要用不同的理论去分析雪线高度，不能用一种模式来确定不同地域的雪线高度。特别是一提到雪线就从海拔 6000 m 到 5000 m 到 2500 m 向下延伸。这种延伸方法与中国内地的实际情况并不一致。雪线又不是温度计，它不仅受当地海拔的控制，还要受纬度、降雪量、坡度、朝向、山体走向、强冷空气是否通过、遭受洋流影响程度等等因素的影响和制约，仅坚持和强调海拔高度一项指标，不仅属于考虑不周，也是非常片面的，与实际调查资料不一致。在冰期时期，中国东部低海拔地区，属于北冰洋气候的扩展区，在频繁活动的寒潮通道上，经常带来

异常的低温、打破了当地固有的雪线格局，使雪线一次比一次大幅度降低，具备了冰川发育的充分条件，留下众多的古冰川遗迹，已被几代人的调查资料所证实。青藏高原的温度变化是属于垂直温度梯度变化，而东部低山丘陵地区属于水平梯度变化；特别是以水平方向运行的寒潮活动，更加剧了水平梯度的变化量；所以两者无法比较，越比差距越大。

另外，雪线以上为冰川积累区，是形成冰川的摇篮。雪线以上是粒雪盆的所在区，也是角峰、刃脊分布区。雪线以下是冰川活动区，冰川的长短，与冰川补给量有关。主要的冰碛地貌和冰蚀地貌都在雪线以下，如：冰川的终碛、侧碛、中碛、冰川形成的"U"形谷、冰川纹泥、冰川的颤痕、磨光面、冰臼等等；另外，不同冰期的规模不同，冰舌延伸的长短各不相同，怎么可以画一条线来确定不同时期古冰川的分布范围，雪线以下的冰川活动就不是冰川遗迹吗？今后应向李四光学习——深入实际、调查研究、反复思考的精神，为我国第四纪地质学的研究做出新贡献。

四、结语

通过多年的调查，证明李四光开创的事业，得到了新的发展。不仅庐山、黄山、天目山、太行山存在古冰川遗迹。经我们调查的其他山地，如大青山、燕山、崂山、天柱山、大围山、北京西山灵岳寺、山东峄山、鲁山、圣经山、福建白云山、河南云台山、江苏云台山、海南岛的吊罗山、山东蒙山、舟山、海洋岛、辽东半岛、山东半岛、福建和广东等地，都存在低海拔型古冰川活动遗迹，表明李四光开创的事业得到证实，并已经得到发扬光大。

（1）墨西哥湾流带来的部分水汽，在欧亚大陆的北部，形成了斯堪的纳维亚冰原。该冰原的形成占据了间冰期时期入侵我国的寒潮源地，改变了北方冷空气南下的路径，给中华大地带来东路唯一的低温气流。该低温气流在南下的过程中又与源自印度洋、南海和黑潮带来水汽相汇合，就会形成广为分布的固态降雪区，导致低海拔型古冰川环境的形成。

（2）随着更新世冰期／间冰期气候的交替出现，寒潮源地也会发生自西而东和自东而西的变化。毫无疑问，两者相互转化，共同影响和支配着我国东部低山丘陵区的景观变化；就在这种交替变化的过程中，庐山、天目山、崂山等低山丘陵区，发育了多种类型的冰川群。

（3）青藏高原的冰川主要受海拔高度所控制，所以那里的雪线偏高；东部低海拔的丘陵山地，主要受频繁活动的寒潮所控制；不能把青藏高原的雪线直接套到东部低山丘陵区。通过大面积的考察，证明李四光先生的意见是正确的。

（4）大量调查资料证实，中国东部低山丘陵区的古冰川遗迹的分布甚广，涉及多种侵蚀地貌和堆积地貌；更新世期间是冰期与间冰期气候交替出现的关系，不存在泥石流堆积期。那种把庐山等地的古冰川堆积，都解释为泥石流堆积，是不可接受的。本图谱仅列举其中的部分范例，足以证明中国东部低山丘陵区，确实存在古冰川活动遗迹。

（5）我国南方普遍存在冰下融水的喀斯特地貌，因为冰期时期长于间冰期时期，冰川底部的冰下融水应当是我国南方喀斯特地貌形成的主要原因。

（6）不能把雪线当作"温度计"。雪线一词是法国学者 P. 布格于 1736 年提出的。其含意为

年固体降水量等于消融量的零平衡线的地方。在理想情况下，雪线上雪的积累与消融量应该相等。就全球范围来说，雪线是由赤道向两极降低的。实际上，该定义只适用于一定地区，如：终年温度低于0℃的地区，而北冰洋气候的扩散区就不适用。雪线又不是温度计，它不仅受当地海拔的控制，还要受纬度、降雪量、坡度、朝向、山体走向、强冷空气是否通过、遭受洋流影响程度等等因素的影响和制约，仅坚持和强调海拔高度一项指标，不仅属于考虑不周、也是非常片面、与实际调查资料不一致。在冰期时期，中国东部低海拔地区，属于北冰洋气候向扩散区的扩展，在频繁活动的寒潮通道上，经常带来异常的低温、打破了当地固有的雪线格局，使雪线一次比一次大幅度降低，具备了冰川发育的充分条件，留下众多的古冰川遗迹，已被几代人的调查资料所证实。

（7）冰期时期我国东部低山丘陵区，成为全球最冷的中纬度地区，那时的海面要随全球海面的降低而降低。极度寒冷的气候，逐渐离去的海岸，简陋的洞穴环境，使旧石器时代的人群无法生存下去，只好逐渐向西迁徙，去寻找能够适合生存的地域，并与当地居民融合在一起，共同生活。冰期环境迫使他们离开居住地，标志着一个时代的结束和新时代的开始。那时的西部区域（山西、陕西、甘肃、青海等地），因不再是寒潮活动的通道，温度要相对适合动、植物的繁衍和先民们的生存，于是就在那里与当地的人群，在窑洞中、在黄土地上种植、狩猎度过漫长而又寒冷的冰期时期。

先民们在西部度过漫长而持久的旧石器时代，终于等到了温暖时代的来临。全球气候从距今15000年开始进入冰消期。冰期时期形成的那些低海拔的劳伦泰德冰原、冰岛和格陵兰小冰原、欧亚大陆北部的斯堪的纳维亚冰原、中国东部的低海拔冰川群，都逐渐消退，引起世界洋面再度回升。在洋面回升的过程中，位于中国北部的寒潮源地也逐渐向西偏移，恢复到间冰期时期的路线，使我国东部古文化再度出现，这就是我国西部文化早于东部开发的原因。

参 考 文 献

J. S. LEE, 1922. Note on Traces of Recent Ice-action in N. China, National University, Peking. GEOL. MAG. 14-21.

李四光 . 1936. 安徽黄山第四纪之冰川现象 . 中国地质学会志 , (3):279-290.

李四光 . 1947. 冰期之庐山 . 前中央研究院地质研究所专刊乙种 , (2):7-39.

李四光 . 1940. 鄂西川东湘西桂北第四纪冰川现象述要 . 地质论评 , (3):171-184.

李四光 . 1963. 华北平原西北边缘地区的冰碛和冰水沉积 . 中国地质 , (4):150-162.

李四光 . 1933. 扬子江流域之第四纪冰期 . 中国地质学会志 , (1):15-62.

李四光 . 1942. 中国冰期之探讨 . 学术汇刊 , (1):1-12.

李克让 . 1992. 中国气候变化及其影响 . 北京：海洋出版社 . 65-81.

李乃胜 , 石学法 , 赵松龄 , 等 . 2003. 崂山地质与古冰川研究 . 北京：海洋出版社 . 1-380.

李培英 , 徐兴永 , 赵松龄 . 2008. 海岸带黄土与古冰川遗迹 . 北京：海洋出版社 . 1-337.

李培英 . 庙岛群岛第四纪沉积物与环境变迁 [D]. 北京：北京大学地质系硕士毕业论文 , 1984.

曹照垣 , 王彦春 , 任富根 , 等 . 1964. 太行山东麓漳河一滹沱河间第四纪冰川现象 . 见：中国第四纪冰川遗迹研究文集 . 北京：科学出版社 . 148-168.

崔之久 , 赵亮 , Vandenberghe J, 等 . 2002. 山西大同、内蒙古鄂尔多斯冰楔、砂楔群的发现及其环境意义 [J]. 冰川冻土 , 24(6):708-716.

董光荣 , 高尚玉 , 李保生 . 1985. 鄂尔多斯高原晚更新世以来的古冰缘现象及其气候地层学意义 . 地理研究 [J]. 4(1):1-13.

董树文 , 吴锡浩 , 吴珍汉 , 等 . 2000. 论东亚大陆的构造翘变——燕山运动的全球意义 . 地质论评 , 46(1): 8-13.

管秉贤 . 1978. 我国台湾及其附近海底地形对黑潮途径的影响 , 海洋科学集刊 , 14:1-21.

郭良 , 相石宝 , 赵松龄 . 2007. 冰期之崂山 . 上海：上海科学技术出版社 . 1-210.

韩同林 , 劳雄 , 郭克毅 . 1999. 河北、内蒙古中低山发现罕见的冰臼群 . 地质论评 , 45(5):456-462.

韩同林 . 2004. 发现冰臼 . 北京：华夏出版社 . 1-190.

景才瑞 . 1981. 庐山没有冰期吗 . 自然辨证法通 , (4).

景才瑞 . 1962. 武当山第四纪冰川遗迹 . 见：湖北省地质学会1962年年会论文集——构造、区域地质 . 武汉：湖北出版社 .

刘嘉麒 , 韩家懋 , 袁宝印 , 等 . 1995. 近年来中国第四纪研究与全球变化 , 第四纪研究 , (2):150-156.

孙殿卿 , 杨怀仁 . 1961. 大冰期时期中国的冰川遗迹 . 地质学报 , 41(3-4):233-244.

王曰伦 , 贾兰坡 . 1952. 周口店第四纪冰川现象的观察 . 地质学报 , (1-2):16-25.

王照波 , 卞青 , 李大鹏 , 等 . 2017. 山东蒙山第四纪冰川组合遗迹的发现及初步研究 [J]. 地质论评 , 63(1): 134-142.

吕洪波 , 杨超 . 2005. 山东新泰青云山发现第四纪大陆冰川遗迹 . 地质论评 , 51(5):608.

吴锡浩，蒋复初，王苏民．1998.关于黄河贯通三门峡东流入海问题．第四纪研究，(2):188.

吴锡浩，蒋复初，肖华国，等．1999.中原邙山黄土及最近200 ka构造运动与气候变化.中国科学(D), (1):82−87.

夏东兴，刘振夏，李培英、等．1991.渤海古沙漠之推测.海洋学报，13(4):540−546.

谢世俊．2002.寒潮．北京：气象出版社．1−57.

徐叔鹰，张维信，徐德馥，等．1984.青藏高原东北边缘地区冰缘发展探讨[J].冰川冻土，6(6):15−25.

徐馨，沈志达．1999.对长江中下游第四纪冰川发育的新认识.贵州师范大学学报（自然科学版），(1):1−6.

徐兴永，石学法，于洪军，等．2004.崂山顶、涧、沟、坡、麓、滩、岬一带巨砾成因研究.海洋科学，(6).

徐兴永，肖尚斌，李萍．2005a.崂山古冰川形成的地质证据．石油大学学报（自然科学版），29(4), 5−9.

严钦尚．1950.大兴安岭一带冰川地形．科学通报，(7):485−486.

杨达源．1986.晚更新世冰期最盛期时长江中下游地区的古环境[J].地理学报，41(4):302−310.

杨达源．1991.中国东部的第四纪风尘堆积与季风变迁[J].第四纪研究，(4):354−360.

杨怀仁．1981.第四纪地质.北京：高等教育出版社．64−239.

杨怀仁，陈西庆．1985.中国东部第四纪海面升降、海侵海退与岸线变迁.海洋地质与第四纪地质，5(4):59−80.

杨景春．1985.地貌学教程.北京：高等教育出版社．67−200.

吴标云．1985.南京下蜀黄土沉积特征研究。海洋地质与第四纪地质，5(2):113−121.

汪品先，等．1995.十五万年来的南海.上海：同济大学出版社．

于洪军．1996.中国北方陆架区晚更新世以来环境演化.中国科学院海洋研究所博士论文．

张祖陆．1995b.渤海莱州湾南岸平原黄土埠地貌及其古地理意.地理学报，50(5), 465−470.

赵诚，王世梅．2000.黄土堆积与冰期事件.西安工程学院学报，22(4):58−60.

赵松龄．2010.中国东部低海拔型古冰川遗迹.北京：海洋出版社．1−392.

赵松龄，李安春，徐兴永．2017.崂山古冰川遗迹.北京：科学出版社．10.1−32.

赵松龄．1991.晚更新世末期中国陆架沙漠化及其衍生沉积的研究[J].海洋与湖沼，22(3):285−293.

郑祥民，严钦尚．1995.末次冰期苏北平原和东延海区的风成黄土沉积.第四纪研究，(3):49−56.

郑祥民，俞立中．1991.上海地区晚更新世晚期暗绿色硬土层风成黄土成因说.上海地质，(2):13−21.

周慕林．1982.论红崖冰期.见：第三届全国第四纪学术会议论文集.北京：科学出版社．

周至元．1993.崂山志.济南：齐鲁书社．1−348.

浦庆余，吴锡浩，钱方．1982.我国第四纪冰缘地质问题的初步探讨《中国地质科学院地质力学研究所文集（2）》.